PLC 及变频器技术应用(微课版)

杨彰荣　覃世燕　黄　伟　主　编

毕玉华　韦文铭　曾伟泉　李长轰　副主编

清华大学出版社

北　京

内 容 简 介

本书是作者团队结合多年的中等职业教育教学经验，以装备制造行业、自动化相关企业岗位的实际技术需求为依据，结合职业院校技能大赛比赛热点编写而成。本书以三菱 PLC 及变频器相关知识为基础，吸取了多部优秀教材和微课视频的优点，突出了教材的针对性、实用性，具有独特的风格。

本书遵循由浅入深、循序渐进的学习过程，通过问题引导、微课视频讲解，帮助读者完成理论知识框架的构建，通过对实际生产案例提炼模拟，培养读者的实操技能，以行动导向为任务驱动的模式开展教学。

本书将网络技术与多媒体技术引入纸质载体，配套了微课视频和课件等形式多样、内容丰富的教学资源，纸质载体与媒体技术密切配合、相互支撑，形成了线上、线下相结合的立体化教学资源，读者可以在学习过程中，通过扫描页面上的二维码打开相应知识、技能讲解的微课视频，配合图书完成学习。

本书的特点可以概括为：新颖的教学模式、真实的生产案例和丰富的教学资源。

本书案例紧密结合生产岗位实际技术需求，以企业典型案例为素材，仿真模拟生产但又高于生产，注重企业文化、职业素养的渗透，各个学习场景均配套习题，供读者巩固知识。本书适合作为中职、大专、高职类智能设备、自动化等专业课程的教材，也可以作为中级及以上维修电工的培训教材，同时还可以作为自动化生产管理人员和编程人员的自学参考资料。

图书在版编目(CIP)数据

PLC 及变频器技术应用：微课版/杨彰荣，覃世燕，黄伟主编. —北京：清华大学出版社，2024.3
ISBN 978-7-302-65738-5

Ⅰ. ①P… Ⅱ. ①杨… ②覃… ③黄… Ⅲ. ①PLC 技术 ②变频器 Ⅳ. ①TM571.6 ②TN773

中国国家版本馆 CIP 数据核字(2024)第 048657 号

责任编辑： 章忆文　李玉萍
封面设计： 李　坤
责任校对： 徐彩虹
责任印制： 杨　艳
出版发行： 清华大学出版社
　　　　　　网　　址：https://www.tup.com.cn, https://www.wqxuetang.com
　　　　　　地　　址：北京清华大学学研大厦 A 座　　　邮　编：100084
　　　　　　社 总 机：010-83470000　　　　　　　　邮　购：010-62786544
　　　　　　投稿与读者服务：010-62776969, c-service@tup.tsinghua.edu.cn
　　　　　　质量反馈：010-62772015, zhiliang@tup.tsinghua.edu.cn
　　　　　　课件下载：https://www.tup.com.cn, 010-62791865
印 装 者： 三河市龙大印装有限公司
经　　销： 全国新华书店
开　　本： 185mm×260mm　　　印　张：15　　　字　数：360 千字
版　　次： 2024 年 3 月第 1 版　　　印　次：2024 年 3 月第 1 次印刷
定　　价： 58.00 元

产品编号：103430-01

编委会名单

主　编：

　　杨彰荣　覃世燕 (贵港市职业教育中心)

　　黄　伟 (广西二轻技师学院)

副主编：

　　毕玉华　韦文铭　曾伟泉　李长轰 (贵港市职业教育中心)

参　编：

　　谈志勇　郑朝阳　徐柳文　陆建华　苏国选 (贵港市职业教育中心)

　　覃文石 (广西工业职业技术学院)

　　于　斌　刘丞鸣 (广西工业技师学院)

　　刘　劲 (贵港市农村电力服务有限责任公司)

　　方　亚 (广西绿源电动车有限公司)

前　言

为了贯彻落实《关于深化职业教育教学改革全面提高人才培养质量的若干意见》《加快推进教育现代化实施方案(2018—2022)》《国家职业教育改革实施方案》等文件精神，对接最新职业标准、行业标准和岗位规范，本书编者在吸取多年的职业教育教学经验的基础上，结合岗位实际工作、职业技能等级证书考核要点及职业院校技能大赛考核要求，调整课程结构，更新课程内容，深化多模式的课程改革，开展教材的编写。

本教材适用于职业院校机电设备类、自动化类专业课程，前续课程包括《电工技术基础与技能》和《电气控制技术》，在具备电工技术、工厂电气等基本知识、技能之上，再学习本教材。

本教材较为全面地阐述了 PLC 与变频器的基本概念及基本理论，遵循"以应用为目的，以必需、够用为度，讲清楚概念、强化应用为教学重点"的基本原则，体现职业教育教学内容的实用性和实践性，突出对学生应用能力和综合素质的培养。本教材的特色如下。

(1) 本教材是中职机电设备类、自动化类专业的核心课程教学用书，通过"岗""课""赛""证"四位融通，提升学生解决工业自动化控制工程实践问题的能力，培养智能生产线装调与运维技术技能岗位人才。

(2) 本教材以三菱 FX 系列的 FX3U PLC、E740 变频器和 YL-235A 型光机电一体化实训考核装置为载体，共设有五个学习场景，五个学习场景均来源于自动化生产线的典型工作任务，每个学习场景下设有不同的学习情境，并以问题为主线，通过由浅入深，合理、有序的问题设计，引导学生完成学习情境中应知、应会知识点及技能点的学习。

(3) 本教材包括学习场景、学习情境、引导问题、岗课赛证等内容。各学习场景又分为学习情境描述、工作任务书及分析、引导问题、学习资源、工作计划、完成决策、工作实施、评价反馈、岗课赛证的热点练习等模块。

(4) 本教材的学习情境都来源于工业自动化现场，针对各个学习场景的知识点、技能点均配套相应的理论知识讲解视频、设计和调试视频、思政主题嵌入等资源。

(5) 本教材在内容组织与安排上依据"三化一合"的教学模式，即学习情境梯度化、教学过程个性化、课程内容信息化、理论+实践相结合，实施多层次、个性化的课程教学。

(6) 本教材利用行动导向教学模式组织教学活动，以"学生为主体，教师为辅导"的模式落实教学任务。

(7) 本教材在评价反馈模块采用教学评价多元化的方式，评价的内容及评分细则借鉴了"1+X"职业考核标准以及技能竞赛评分标准，通过过程评价、结果评价、增值评价，对学生形成教师、小组内、小组间以及线上企业导师四个方面的评价，构建综合的"三维四方"评价体系。

本书的学时数为 100 学时，各个学习场景的学时分配如下表(供参考)。

学习场景	学时数	学习场景	学时数
场景一	24	场景四	24
场景二	16	场景五	18
场景三	18		

本书由杨彰荣担任第一主编，完成本书的统筹规划及编写，覃世燕、黄伟担任主编，主要完成本书的编写与内容核对。韦文铭、毕玉华主要完成本书的微课录制，曾伟泉、李长轰完成本书资料收集及内容核验。

本书在编写过程中得到有关院校的老师，以及贵港市嘉龙海杰电子有限公司、贵港市绿源电动车有限公司、贵港市农村电力服务有限公司等公司的技术人员的大力支持和帮助，在此表示感谢。

由于编者水平有限，书中不妥之处在所难免，恳请读者批评指正。

编　者

目　　录

学习场景一　工业生产中电动机典型 PLC 控制

场景简介

三相异步电动机是一种交流电动机，通常用于工业生产和交通运输领域，如图 1 所示。它具有结构简单、运行可靠、维护方便、调速性能好等优点，因此在各种机械设备的驱动中得到广泛应用。

图 1　三相异步电动机

在工业生产中，三相异步电动机可以用于驱动各种机械负载，如压缩机、泵、风机、输送机、研磨机、切割机等。通过控制电机的转速和转向，可以调节负载的运动速度和运动方向，实现工艺要求的自动化控制。

PLC 电动机典型控制的应用范围非常广泛，可以用于各种不同的工业场景和设备控制。通过 PLC 的控制，可以提高设备的自动化程度、可靠性和生产效率，降低故障率和维护成本。本学习场景通过四个学习情境讲解 PLC 的相关知识以及如何通过 PLC 控制三相异步电动机。

学习情境一　电动机连续运行 PLC 控制

💬 学习情境描述

在实际生产中，常用按钮、接触器来控制三相交流异步电动机的连续运转与停止，如生产线上的货物传送带电动机的控制、鼓风机电动机的控制、机床上主轴电动机的控制等。现有某企业 2#机加工车间需要安装一台鼓风机，如图 1-1-1 所示，请根据任务要求完成线路安装，并通电试验。

图 1-1-1　鼓风机

⚙ 学习目标

通过分析电动机连续运行的情境任务，用不同的方式方法获取信息，然后制订学习计划、完成决策、实施计划，最后进行多方评价，就可以完成如表 1-1-1 所示的学习目标。

表 1-1-1　电动机连续运行 PLC 控制学习目标

知识目标	技能目标	素养目标
1. 熟悉常用按钮、接触器、热继电器的功能、结构、工作特性及型号含义，熟识其图形符号和文字符号。 2. 认识 PLC(三菱 FX3U-48MR)、PLC 输入输出、PLC 控制接线图，熟悉 GX Works2 的简单工程建立。 3. 熟悉电动机转动的 PLC 控制线路的功能、特点及工作原理，了解其在工程技术中的典型应用	1. 能绘制鼓风机 PLC 控制线路图、布置图和接线图。 2. 能完成常用按钮、接触器、热继电器的检测与安装。 3. 掌握 PLC 接线图的绘制及线路的安装方法、步骤及工艺要求，能根据工作任务要求安装、调试、运行和维修鼓风机的控制线路	1. 树立安全意识，养成安全文明的生产习惯。 2. 培养团结协作的职业素养，树立勤俭节约、物尽其用的意识。 3. 培养分析及解决问题的能力，鼓励读者结合实际生产需要，对客观问题进行分析，并提出解决方案

📋 工作任务书及分析

(1) 鼓风电动机的主要技术参数：额定功率为 4 kW，额定工作电流为 8.8 A，额定电压为 380 V，额定频率为 50 Hz，采用 Y 接法，额定转速为 2890 r/min，绝缘等级为 B 级，防护等级为 IP23。

(2) 控制功能：能够远距离地控制鼓风机的连续运转与停止。当鼓风电动机的控制线路出现短路故障或过载时，控制系统应能够立即切断电源，起到短路和过载保护作用；当鼓风机电源电压过低或失压时，能够自动停止鼓风机的运行；当电源再次通电时，鼓风机不能自行启动运转，必须由人工按下启动按钮才能启动运转。同时要求，鼓风机控制线路板的功能后期可以更改，易于维护。

(3) 控制线路：考虑到控制系统的安全性、方便性、可靠性，功能的可改变性和维护的方便性，可以采用按钮、接触器控制鼓风机，其 PLC 控制电气原理图和控制板实物图，如图 1-1-2 和图 1-1-3 所示。鼓风电动机的控制线路由三相电源(L1、L2、L3)、低压断路器 QF、低压熔断器 FU1 和 FU2、交流接触器 KM、热继电器 FR、按钮 SB1 和 SB2、三菱 FX3U-48MR、三相交流异步电动机 M 构成。

鼓风机的连续运转是通过按钮、接触器控制电动机做单向连续运转和停止来实现的，其线路属于 PLC 端子控制及内部梯形图程序控制完成的正转控制线路。

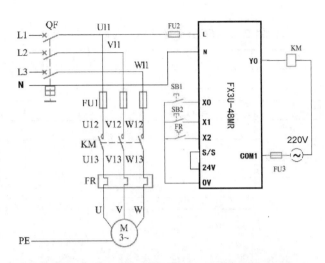

图 1-1-2　电动机连续运行 PLC 控制电气原理图

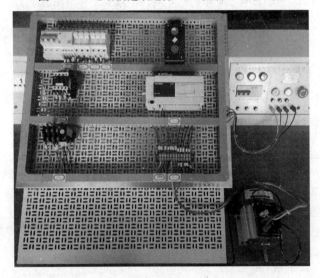

图 1-1-3　电动机连续运行 PLC 控制板实物图

电动机连续运行 PLC 控制设计及调试过程的微课如下。

 线上学习资源

 任务分组

将学生按 4～6 人一组进行分组，明确每组的工作任务，并填写分组任务表，如表 1-1-2 所示。每组任务可以相同也可以有差异性，视任务量大小而定。

表 1-1-2　电动机连续运行 PLC 控制分组任务表

班级		组号		指导老师	
组长		学号			
组员	姓名	学号		姓名	学号
任务分工:					

注：此表仅为模板，可扫描教学表单二维码下载教学表单，根据具体情况进行修改、打印。

获取信息

认真阅读任务要求，根据本学习任务所需要掌握的内容，收集相关资料。

引导问题 1：常用的低压断路器有哪些？识别其图形符号及文字符号。

(1)　画出低压断路器的图形符号。

_____

_____

_____

(2)　识别常用低压断路器型号，写出其含义。

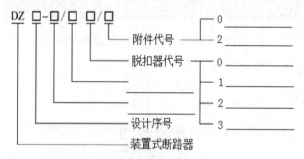

学习常用低压断路器电器的微课如下。

 线上学习资源

📖 线下学习资料

低压断路器又称自动空气开关或自动空气断路器，简称断路器。它是低压配电线路和电气控制设备中常用的配电电器，集控制和多种保护功能于一体，既能在正常情况下不频繁地接通或断开电路以及控制小容量电动机的运行，又能在电路发生短路、过载或失压等故障时，自动切断故障电路，达到保护线路和电气设备的目的。低压断路器具有操作安全、安装使用方便、工作可靠、动作值可调、分断能力高、兼有多种保护功能、动作后不需要更换元件等优点。

常用低压断路器外形如图 1-1-4 所示。

(a) DZ5 系列塑壳式

(b) DZ15 系列塑壳式

(c) DZ15 系列万能式

(d) DZ16 系列万能式

(e) DZ47 系列带漏电保护

图 1-1-4　常用低压断路器

❓ 引导问题 2：常用的按钮有哪些？其工作特点有何不同？

(1) 画出常用按钮的图形符号。

_____

_____

(2) 结合控制线路要求，选择正确按钮，写出其型号。

_____

_____

认识按钮的微课如下。

 线上学习资源

PLC及变频器技术应用(微课版)

📖 线下学习资料

按钮是一种需要人工操作并具有弹簧储能复位功能的控制开关，是一种常用的主令电器。其触点允许通过的电流较少，一般不超过 5A。因此一般不直接控制主电路(大电流电路)的通断，而是在控制电路(小电流电路)中发出指令或信号，控制接触器、继电器、启动器等电器，再由它们去控制主电路的通断、功能转换或电气联锁。按钮根据不受力作用(静态)时触点的分合状态，可分为启动按钮(即动合触点)、停止按钮(即动断触点)和复合按钮(即动合、动断触点组合在一起的按钮)。对启动按钮而言，按下按钮时触点闭合，松开按钮后触点自动断开复位；停止按钮则是按下按钮时触点断开，松开后触点自动闭合复位；复合按钮是当按下按钮时，所有的触点都改变状态，即动合触点要闭合，动断触点要断开。但是，这两对触点的状态变化是有先后顺序的，按下按钮时，动断触点先断开，动合触点后闭合；松开按钮时，动合触点先复位(断开)，动断触点后复位(闭合)。

常用按钮的外形如图 1-1-5 所示。

(a) LA118F(LA18)系列

(b) LA10 系列(防爆式)

(c) LA118J(LA10)系列

(d) BS 系列(压扣式)

(e) LA19 系列

(f) LA18 系列

(g) LAY3 系列

(h) LAY5 系列

(i) 钥匙式

图 1-1-5　常用按钮

❓ 引导问题 3：接触器的认识及如何选择接触器。

(1)　画出接触器的图形符号。

(2) 结合控制线路要求，选择接触器，写出正确的型号。

_____

_____

学习交流接触器的微课如下。

 线上学习资源

 线下学习资料

　　接触器是电气控制设备中一种重要的低压电器，其主要控制对象是电动机，还可以控制电热设备、电焊机、电容器等其他负载。接触器的优点是能实现远距离自动操作、具有欠压和失压自动释放保护功能、控制容量大、工作可靠、操作频率高、使用寿命长，适用于远距离的频繁接通和断开交、直流主电路及大容量的控制电路。接触器按主触头通过电流的种类，可分为交流接触器和直流接触器两种。

　　常用的交流接触器外形如图 1-1-6～图 1-1-8 所示。

图 1-1-6　CJ10 系列交流接触器

图 1-1-7　CJ20 系列交流接触器　　　　图 1-1-8　CJ12 系列交流接触器

❓ 引导问题 4：热继电器的认识及如何选择热继电器。

(1) 画出热继电器的图形符号。

_____

_____

(2) 结合线路控制要求，选择热继电器，写出正确的型号。

_____

_____

学习热继电器的微课如下。

 线上学习资源

 线下学习资料

　　热继电器是继电器的一种，它是利用流过热继电器的电流所产生的热效应而反时限动作的自动保护电器。热继电器主要与接触器配合使用，用作电动机的过载保护、断相保护、电流不平衡运行保护及其他电气设备发热状态的控制。热继电器按动作方式可分为双金属片式、热敏电阻式和易熔合金式三种。双金属片式利用双金属片受热弯曲去推动执行机构动作；热敏电阻式利用电阻值随温度变化而变化的特性制成；易熔合金式利用过载电流发热使易熔合金达到某一温度时，合金熔化而动作。热继电器按极数来分，有单极、两极和三极结构三种类型，每种类型按发热元件的额定电流又有不同的规格和型号。其中三极结构热继电器，又可分为不带断相保护装置和带断相保护装置两种类型。热继电器按复位形式又可分为自动复位式(触头动作后能自动返回原位)和手动复位式两种。

　　常用热继电器的外形如图 1-1-9 所示。

(a) JR36 系列　　　(b) JR20 系列　　　(c) JRS2(3UA)系列

(d) T 系列　　　　　　　　(e) 电子式

图 1-1-9　常用热继电器

❓ 引导问题 5：什么是 PLC？ PLC 的主要构成有哪些？

(1) PLC 的主要构成有哪些？

_____

_____

_____

(2) PLC 按 I/O 点数可以分为哪几类？

_____

_____

学习可编程逻辑控制器(PLC)基本知识的微课如下。

 线上学习资源

📖 线下学习资料

可编程逻辑控制器(programmable logic controller)简称 PLC，其实质是一种专门为在工业环境下应用而设计的可以进行数字运算操作的电子装置。它采用可以编制程序的存储器，用来在其内部存储执行逻辑运算、顺序运算、计时、计数和算术运算等操作的指令，并能通过数字式或模拟式的输入和输出，控制各种类型的机械运作或生产过程。PLC 及其有关的外围设备都应该按易于与工业控制系统形成一个整体、易于扩展其功能的原则进行设计。它主要由中央处理单元、输入输出部分、电源部分等组成。

为了适应不同生产过程的应用要求，PLC 能够处理的 I/O(输入/输出)点数是不一样的。按 I/O 点数的多少和内存容量的大小，PLC 可分为小型机(I/O 点数在 256 点以下)、中型机(I/O 点数为 256～2048 点)、大型机(I/O 点数大于 2048 点)。

❓ 引导问题 6：如何识别三菱 FX 系列 PLC 的 FX3U-48MR 及输入、输出端子？

写出 FX3U-48MR 型号的含义：

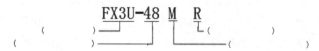

📖 线下学习资料

1. 三菱 FX3U-48MR 主机面板

三菱 FX3U-48MR 主机面板如图 1-1-10 所示。

(1) 输入端子。FX3U-48MR 的输入端子编号为 X0～X7、X10～X17、X20～X27，共 24 个，用于连接输入设备，如按钮、开关及各种传感器等，其外观如图 1-1-11 所示。

(2) 输出端子。FX3U-48MR 的输出端子编号为 Y0~Y3、Y4~Y7、Y10~Y13，Y14~ Y17、Y20~Y27，共 24 个，分为 5 组，对应的公共端分别为 COM1~COM5。用于连接输出设备，如继电器、指示灯、线圈等。其外观如图 1-1-12 所示。

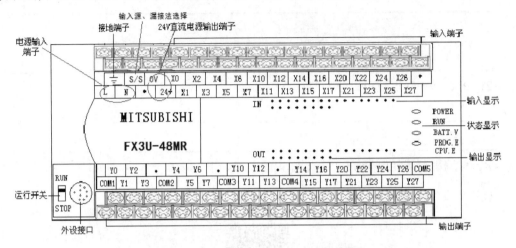

图 1-1-10 三菱 FX3U-48MR 主机面板

图 1-1-11 FX3U-48MR 的输入端子外观

图 1-1-12 FX3U-48MR 的输出端子外观

(3) 输入电源端子及接地端子。FX3U-48MR 的输入电源端子(L、N)，用于输入 100V~220V 的交流电，给 PLC 提供电源。"⏚"为接地端子。

(4) 直流电源输出端子。FX3U-48MR 通过输出端子(+24V、0V)，可以向外提供 24V 的直流电，主要作为输入传感器的电源。S/S 是公共端，可以接电源的正极，也可以接电源的负极。接 24V 端表示输入低电平有效，接 0V 端表示输入高电平有效。具体接线方法是：S/S 端和 24V 端连接，COM 端就是 0V 端；S/S 端和 0V 端连接，COM 端就是 24V 端，S/S 端也叫作使能端。

2. PLC 显示部分

(1) 输入显示：外部输入开关闭合时，对应的 LED 灯亮，如图 1-1-11 所示指示灯。

(2) 输出显示：程序驱动输出继电器动作时，对应的 LED 灯亮，如图 1-1-12 所示指示灯。

(3) 其他指示灯如图 1-1-13 所示。

① 电源显示(POWER)：PLC 处于通电状态时灯亮。

② 运行显示(RUN)：PLC 处于运行状态时灯亮。

③ 锂电池电压显示(BATT.V)：锂电池电压低于规定值时灯亮，提示需更换锂电池。

④ 程序错误显示(PROG.E)：程序错误时灯闪烁。

⑤ CPU 出错显示(CPU.E)：CPU 错误时灯常亮。

(4) 运行开关：运行开关在"RUN"位置，PLC 处于运行状态；运行开关在"STOP"位置，PLC 处于停止运行状态，此时用户可以进行程序的读写、编辑和修改的操作。

(5) 接口部分：外设接口用于连接编程器或者计算机，如需要连接输入、输出扩展单元时，使用扩展连接接口(如通过 RS-422 通信口与计算机连接)，扩展连接接口外观如图 1-1-14 所示。

图 1-1-13 指示灯外观

图 1-1-14 接口外观

学习三菱 FX3U-48MR 主机面板的微课如下。

 线上学习资源

 引导问题 7：**PLC 常用的编程语言有哪些？**

(1) 写出 PLC 梯形图语言的特点。

_____

_____

(2) PLC 梯形图程序执行过程分哪三个阶段？

_____

_____

学习 PLC 编程语言之梯形图的微课如下。

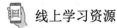 线上学习资源

📶 线下学习资料

梯形图是一种 PLC 专用的图形符号语言,其编程是采用图形符号以及图形符号之间的相互关系来表达控制的过程及控制的实现方法,是在传统电气控制系统中常用的接触器、继电器等图形表达符号的基础上演变而来的。它与电气控制线路图相似,继承了传统电气控制逻辑中使用的框架结构、逻辑运算方式和输入输出形式,具有形象、直观、实用的特点,是其他图形编程语言的基础,也是广大电气技术人员的首选语言。

如图 1-1-15 所示,梯形图左、右两条竖直的线,称为"母线",母线之间的图形符号及接法则反映各种软继电器的控制与被控制关系。分析时可把左边的"母线"视作电源的"火线(正极)",右边的母线视为"零线(负极)",若各软继电器符合接通条件,则有假定的"电流"从左母线流向右母线,称为"能流",输出线圈受激励。"能流"通过的条件为受到激发的常开触点闭合与未受激发的常闭触点到输出线圈形成一条通路。需要注意的是,现在大部分用户在绘制梯形图时采取只保留左边一条"母线"、略去右边"母线"的画法,此时,梯形图始于左"母线",终于"输出"线圈、定时器、计数器或代表功能指令的"盒"。

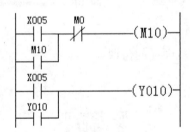

图 1-1-15 梯形图

为了区别常规控制电路和 PLC 控制电路(梯形图),PLC 控制电路一般用专用图形符号来表示,如表 1-1-3 所示,其中 PLC 的继电器线圈可有多种画法。

表 1-1-3 常规电气和 PLC 梯形图的图形符号对照表

符号项目 符号名称	常规电气符号	可编程逻辑控制器(PLC)符号
常开触点	—／—	—∣∣—
常闭触点	—／—	—∥—
继电器线圈	—▢—	—( )—或—◯—

PLC 梯形图程序执行过程分 3 个阶段，即输入采样阶段、程序处理阶段、输出刷新阶段。PLC 完成上述 3 个阶段称为一个扫描周期，其等效电路如图 1-1-16 所示，分为输入部分电路、内部控制电路、输出处理电路。

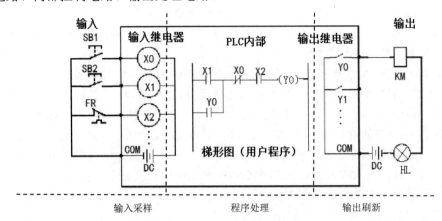

图 1-1-16　PLC 梯形图等效电路图

PLC 的由来

在工业生产过程中，大量的开关量顺序控制，它按照逻辑条件进行顺序动作，并按照逻辑关系进行联锁保护动作的控制，以及大量离散量的数据采集。传统上，这些功能是通过气动或电气控制系统来实现的。1968 年美国 GM(通用汽车)公司提出取代继电器控制装置的要求。第二年，美国数字公司研制出了基于集成电路和电子技术的控制装置，首次采用程序化手段应用于电气控制，这就是第一代可编程序控制器：programmable controller (PC)。

 引导问题 8：继电器控制电路转换 PLC 梯形图的方法是什么？

请写出继电器控制电路转换 PLC 的方法和步骤。

_____

_____

📖 线下学习资料

在改造控制系统时，因为原有的继电器控制系统经过了长期的使用和考验，已被证明能够完成系统要求的控制功能，而且继电器和梯形图在表示方法和分析方法上有很多相似之处，因此可以根据继电器电路图设计梯形图，即将继电器电路图转换为具有相同功能的 PLC 外部硬件接线图和梯形图。由于此设计方法一般不需要改动控制面板，保持了系统的原有特性，操作人员不用改变长期形成的操作习惯，因此成为了一种实用方便的设计

方法。

1. 转换方法和步骤

继电器电路图是一个纯粹的硬件电路图,将它改为 PLC 控制时,需要用 PLC 的外部接线图,梯形图来等效继电器电路图,其具体方法和步骤如下。

(1) 了解和熟悉被控设备的工作原理、工艺过程和机械的动作情况,根据继电器电路图分析,掌握控制系统的工作原理。

(2) 确定 PLC 的输入信号和输出负载。继电器电路图中的交流接触器和电磁阀等执行机构如果用 PLC 的输出位来控制,那么它们的线圈接在 PLC 的输出端。按钮、操作开关、行程开关、接近开关等提供 PLC 的数字量输入信号。电路图中的中间继电器和时间继电器的功能用 PLC 内部的存储器和定时器来完成,它们与 PLC 的输入位、输出位无关。

(3) 确定与继电器电路图中的中间继电器、时间继电器对应的梯形图中的存储器和定时器、计数器的地址,以及输入、输出元件与梯形图元件的对应关系。

(4) 根据上述的对应关系画出梯形图。

2. 梯形图设计注意事项

根据继电器电路图设计 PLC 的外部接线图和梯形图时应注意以下问题。

(1) 应遵守梯形图语言中的语法规定。由于工作原理不同,梯形图不能照搬继电器电路中的某些处理方法。

(2) 适当地分离继电器电路图中的某些电路。设计继电器电路图时的一个基本原则是尽量减少图中使用的触点,这意味着成本的节约,但是这往往会使某些线圈的控制电路交织在一起。在设计梯形图时首要的问题是设计的思路要清晰,设计出的梯形图容易阅读和理解,并不是特别在意是否多用几个触点,因为这不会增加硬件的成本,只是在输入程序时需要多花一点时间。

(3) 尽量减少 PLC 的输入和输出点。PLC 的价格与点数有关,因此减少输入、输出信号的点数是降低硬件费用的主要措施。

⚙ 工作计划

按照前面收集到的相关资料,各小组制订出工作计划,把相关工作计划内容填入表 1-1-4 中。

表 1-1-4　电动机连续运行 PLC 控制工作计划表

典型工作任务				
工作小组			组长签名	
典型工作过程描述				
任务分工				
序号	工作步骤	注意事项	负责人	备注

续表

电动机连续运行 PLC 控制工作原理分析				

仪表、工具、耗材和器材清单				
序号	名称	型号与规格	单位	数量

计划评价				
组长签字			教师签字	
计划评价				

注：此表仅为模板，可扫描教学表单二维码下载教学表单，根据具体情况进行修改、打印。

? 引导问题 1： 结合中级维修电工控制要求，画出电动机 **PLC** 控制线路接线图。

? 引导问题 2： 结合中级维修电工控制要求、引导问题 **1** 的接线图和任务书技术要求及功能，画出梯形图。

完成决策

各组派代表阐述设计方案并对其他组的设计方案提出自己不同的看法；教师结合大家完成的情况进行点评，选出最佳方案，完成表 1-1-5 中的内容。

表 1-1-5 电动机连续运行 PLC 控制任务决策表

典型工作任务				
计划对比				
序号	计划的可行性	计划的经济性	计划的安全性	计划的实施难度	综合评价
1					
2					
3					

续表

决策分析与评价	班级		组长签字		第____组
	教师签字		日期		

注：此表仅为模板，可扫描教学表单二维码下载教学表单，根据具体情况进行修改、打印。

工作实施

综合决策方案，按照工作任务及工作计划写出工作思路和工作步骤并填入表 1-1-6 中。

表 1-1-6　鼓风机控制线路板任务实施表

典型工作任务		
任务实施		
序号	输入输出硬件调试与程序调试步骤	注意事项
实施说明		
实施评价	班级		组长签字		第____组
	教师签字		日期		

注：此表仅为模板，可扫描教学表单二维码下载教学表单，根据具体情况进行修改、打印。

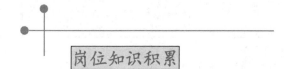

线路安装工艺

(1) 行线槽内配线所用导线的截面积在大于或等于 $0.5\ mm^2$ 时，必须采用软线。考虑机械强度的原因，所用导线的最小截面积在控制箱外为 $1.0\ mm^2$，在控制箱内为 $0.75\ mm^2$。但对控制箱内通过很小电流的电路连线，如电子逻辑电路，可采用 $0.2\ mm^2$，并且可以采用硬线，但只能用于不移动又无振动的场合。

(2) 严禁损伤线芯和导线的绝缘层。

(3) 各电器元件接线端子引出导线的走向，以电器元件的水平中心线为界线，在水平中心线以上接线端子引出的导线，必须进入电器元件上面的行线槽；在水平中心线以下接线端子引出的导线，必须进入电器元件下面的行线槽。任何导线不允许从水平方向进入行线槽内。

(4) 各电器元件接线端子上引出或引入的导线，除间距很小或电器元件机械强度允许直接架空外，其他导线必须经过行线槽进行连接。

（5）进入行线槽内的导线要完全放置于行线槽内，并应尽可能避免交叉，装线不要超过行线槽容量的 70%，以便于盖上行线槽盖和以后的装配及检修。

（6）各电器元件与行线槽之间的外露导线，应走线合理，并尽可能做到横平竖直，变换走向要垂直。同一电器元件上位置相同的端子和同型号电器元件中位置相同的端子上引出或引入的导线，要在同一平面上，并做到高低一致或前后一致，不得交叉。

（7）所有接线端子、导线线头上都应套有与电路图上相应接点标号一致的编码套管，并按线号进行连接，连接必须可靠，不得松动。

（8）在任何情况下，接线端子必须与导线截面积和材料性质相适应。当接线端子不适合连接软线或较小截面的软线时，可以在导线端头穿上针形或叉形接线端子并压紧。

（9）一般一个接线端子只能连接一根导线，如果采用专门设计的端子，可以连接两根或多根导线，但导线的连接方式必须是公认的、在工艺上成熟的方式，如夹紧、压接、焊接、绕接等，并应严格按照连接工艺的工序要求进行。

⚠️ 安全贴士

（1）在接通电源前必须确保电路的连接正确无误。电源接通后，调试过程中身体不能直接接触带电部分，每一项操作都要符合安全操作规程。如遇三相交流异步电动机卡阻，则要立刻断开电源。

（2）在完成 PLC 电路连接过程中，必须确保输入端的连接正确，千万不可将 DC24V 电源直接接入输入端。PLC 内部提供的 DC24V 电源工作电流较小，最好不要用作负载电源。

（3）时时刻刻遵守安全操作规程，是我们应该养成的职业习惯。

👍 评价反馈

工作实施完成后，各组代表展示本任务的作品，介绍本任务的完成过程。学生通过扫描线上评价表单二维码完成学生自评表和学生互评表，教师和企业人员扫描线上评价表单二维码分别完成教师评价表、企业专家评价表。

 线上评价表单

 教学表单

📎 学习情境的相关知识点

(一)点动正转继电器控制线路

点动正转继电器控制线路是一种用于控制电动机点动正转的电气控制线路。它由开关、按钮、接触器、熔断器等元件组成。该控制线路的优点是操作简单、维护方便、安全可靠。它通常用于一些需要点动控制的场合，如机床加工时的快速移动、起重机升降时的

点动控制等。

1. 点动正转控制线路的构成

点动正转控制线路图如图 1-1-17 所示，由三相交流电源 L1、L2、L3 与低压断路器 QF 组成电源电路；由熔断器 FU1、交流接触器 KM 三对主触头和三相交流异步电动机 M 组成主电路；而由熔断器 FU2、启动按钮 SB 和交流接触器 KM 的线圈组成控制电路。

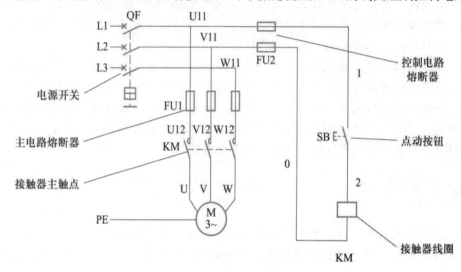

图 1-1-17 点动正转控制线路图

2. 点动正转控制线路的工作原理

根据电路图，点动正转控制线路的工作原理如下。

先合上电源隔离开关 QF。

(1) 启动控制

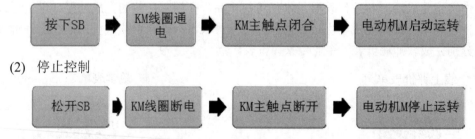

(2) 停止控制

松开SB ▶ KM线圈断电 ▶ KM主触点断开 ▶ 电动机M停止运转

注意：停止使用时，断开电源隔离开关 QF。

(二)连续(接触器自锁)正转继电器控制线路

连续正转继电器控制线路是一种用于控制电动机连续正转的电气控制线路，它由开关、按钮、接触器、熔断器等元件组成。该控制线路的特点是接触器自锁，即接触器常开触点闭合后，控制电路会自动保持，不需要一直按下启动按钮，电动机可以连续运转。这种控制线路适用于需要电动机连续运转的场合，如机床加工、传送带运输等。需要注意的是，在某些情况下，连续正转继电器控制线路需要添加适当的保护措施，如过载保护、短路保护等，以确保电动机的安全运行。

1. 接触器自锁正转控制线路的构成

接触器自锁正转控制线路图如图 1-1-18 所示，这个控制线路与点动正转控制线路的主电路相同。但在控制电路中增加了一只停止按钮 SB2，在启动按钮 SB1 的两端并联了接触器 KM 的一对辅助动合触头。

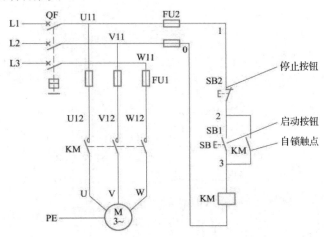

图 1-1-18　接触器自锁正转控制线路图

2. 接触器自锁正转控制线路的工作原理

(1)　启动控制

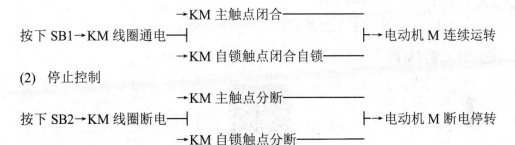

```
                    →KM 主触点闭合————————
按下 SB1→KM 线圈通电—|                        |→电动机 M 连续运转
                    →KM 自锁触点闭合自锁————
```

(2)　停止控制

```
                    →KM 主触点分断————————
按下 SB2→KM 线圈断电—|                        |→电动机 M 断电停转
                    →KM 自锁触点分断————
```

像这种当松开按钮后，接触器通过自身的辅助动合触头使其线圈保持得电的现象称为自锁；与启动按钮并联起自锁作用的辅助动合触头称为自锁触头；这种控制线路就称为接触器自锁控制线路。

(三)连续点动混合继电器控制线路

连续点动混合继电器控制线路是一种能够实现电动机连续运转和点动控制的电气控制线路，它由开关、按钮、接触器、熔断器等元件组成。该控制线路的特点是既可以实现电动机的连续运转，又可以实现点动控制，根据需要自由切换。这种控制线路适用于一些需要灵活控制电动机运转的场合，如机床加工时的精确控制、起重机升降时的微调等。

需要注意的是，在连续点动混合继电器控制线路中，由于加入了点动控制功能，需要注意操作安全，避免由于错误操作导致电动机意外启动或停止。同时，也需要添加适当的保护措施，如过载保护、短路保护等，以确保电动机的安全运行。

连续与点动混合正转控制线路图如图 1-1-19 所示,这个控制线路也与连续正转控制线路的主电路相同。但在控制电路中增加了一个 SB2 按钮的常开触点与 SB1 启动按钮的常开触点并联,在并联的接触器 KM 常开触点上串联 SB2 的常闭触点,这样 SB2 在控制电路中起点动的作用。同学们可以结合点动、连续运转分析其功能。

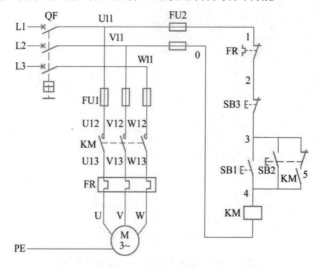

图 1-1-19　连续与点动混合正转控制线路图

(四)GX Works2 编程软件及其简单使用方法

1. GX Works2 编程软件的介绍

学习 GX Works2 编程软件的微课如下。

 线上学习资源

三菱 PLC 编程软件比较常用的是 GX Developer 软件和 GX Works2 软件。其中 GX Works2 软件是 2011 年之后推出的编程软件,该软件有简单工程和结构工程两种编程方式,支持梯形图、指令表、SFC、ST、结构化梯形图等编程语言,集成了程序仿真软件 GX Simulator2。该软件具备程序编辑、参数设定、网络设定、监控、仿真调试、在线更改、智能功能模块设置等功能,适用于三菱 Q 系列、FX 系列的 PLC,可实现 PLC 与 HMI 和运动控制器的数据共享。

简单工程是指使用触头、线圈和功能指令编程,支持 FX 系列的 PLC 使用梯形图和 SFC 两种编程方式,支持使用标签(限于梯形图),支持 Q 系列的 PLC 使用梯形图、SFC 和 ST(勾选标签)三种编程方式。

结构工程是指将控制细分化,将程序的通用执行部分部件化,使得编程易于阅读、引用,支持 FX 系列的 PLC 使用结构化梯形图/FBD 和 ST(勾选标签)编程,支持 Q 系列的 PLC 使用梯形图、ST、结构化梯形图/FBD 和 SFTC 等编程方式。

2. GX Works2 编程软件的简单使用

(1) 启动 GX Works2 编程软件，如图 1-1-20 所示。

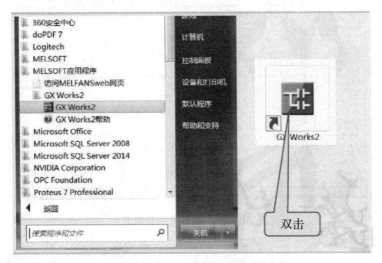

图 1-1-20　启动 GX Works2 编程软件

(2) 创建新工程，选择工程类型和程序语言，如图 1-1-21 所示。

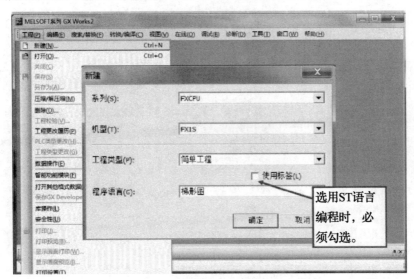

图 1-1-21　选择工程类型和程序语言

(3) 执行上述操作后，进入梯形图编程界面。该界面主要由标题栏、菜单栏、工具栏、导航窗口、程序编辑窗口、状态栏等组成，如图 1-1-22 所示。用户可根据自己的使用习惯，改变栏目和窗口的数量、排列方式、颜色、字体、显示方式、显示比例等。

① 菜单栏。

GX Works2 编程软件的菜单栏如图 1-1-23 所示。

PLC 及变频器技术应用(微课版)

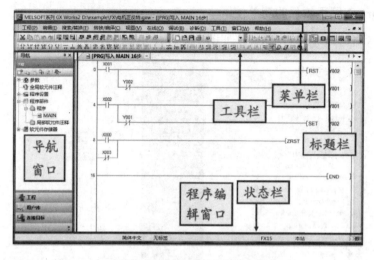

图 1-1-22　梯形图编程界面

图 1-1-23　GX works2 编程软件的菜单栏

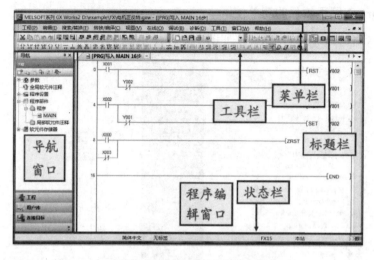

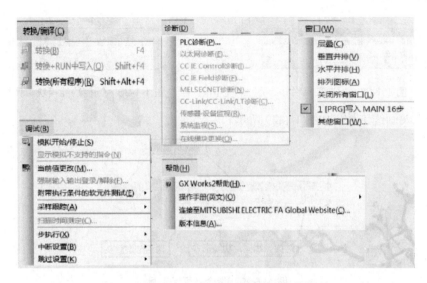

图 1-1-23　GX works2 编程软件的菜单栏(续)

② 工具栏。

A. 程序通用工具栏：用于梯形图的剪切、复制、粘贴、撤销、搜索、PLC 程序的读写、运行监视等操作，程序通用工具栏如图 1-1-24 所示。

图 1-1-24　程序通用工具栏

B. 窗口操作工具栏：用于导航、部件选择、输出、软件元件使用列表、监视等窗口的打开/关闭操作，各个操作图标如图 1-1-25 所示。

图 1-1-25　窗口操作工具栏

C. 梯形图工具栏：包括用于梯形图编辑的常开和常闭触头、线圈、功能指令、画线、删除线、边沿触发触头等按钮，以及用于软元件注释编辑、声明编辑、注解编辑、梯形图放大/缩小等操作按钮，梯形图工具栏如图 1-1-26 所示。

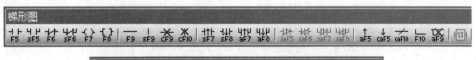

图 1-1-26　梯形图工具栏

D. 标准工具栏：用于工程的创建、打开和关闭等操作，标准工具栏如图 1-1-27 所示。

E. 智能功能模块工具栏：用于特殊功能模块的操作，智能功能模块工具栏如图 1-1-28 所示。

图 1-1-27 标准工具栏

图 1-1-28 智能功能模块工具栏

F. 指令及画线工具,如图 1-1-29 所示。

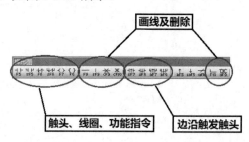

图 1-1-29 指令及画线工具

G. 梯形图程序编写方法

a. 先对梯形图编辑区进行设置,如图 1-1-30 所示。再使用梯形图工具栏中的触头、线圈、功能指令及画线工具,在程序编辑区编辑程序,如图 1-1-31 所示。

b. 如果不知道某个功能指令的正确用法,可以按 F1 键调用帮助信息,如图 1-1-32 所示。

c. 编辑好程序后,执行变换(编译)操作,如图 1-1-33 所示。变换的过程就是检查编辑的程序是否符合规范要求,程序变换(编译)结束后的界面如图 1-1-34 所示。

d. 梯形图程序尤其要避免出现双线圈错误,SFC 程序可以忽略双线圈错误。

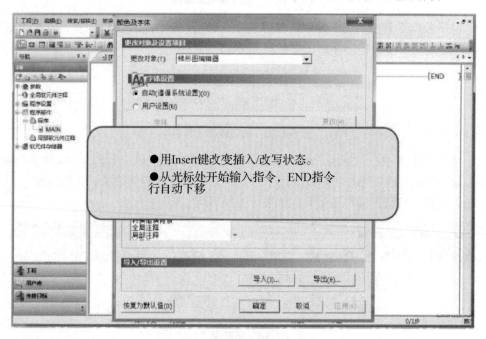

图 1-1-30 梯形图编辑区的设置

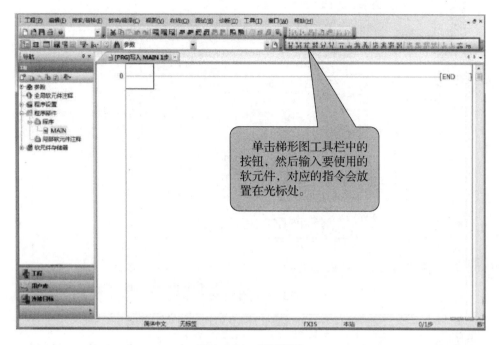

单击梯形图工具栏中的按钮，然后输入要使用的软元件，对应的指令会放置在光标处。

图 1-1-31　编辑程序

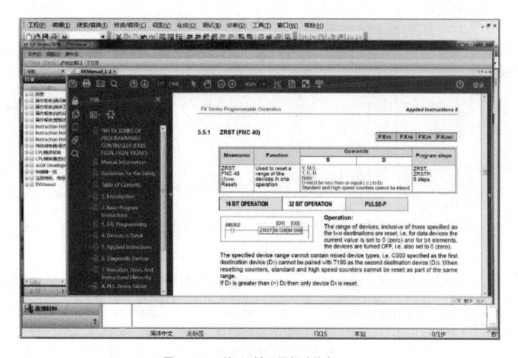

图 1-1-32　按 F1 键调用帮助信息

图 1-1-33 执行变换(编译)操作

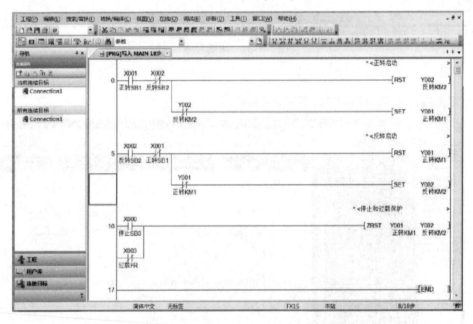

图 1-1-34 程序变换(编译)结束后的界面

(五)维修电工技能考试及技能比赛中电气控制线路的图形、文字符号及绘制原则

在电力拖动自动控制系统中,各种生产机械均由电动机来拖动,不同的生产机械,对电动机的控制要求不同。电气控制线路能实现对电动机的启动、停止、点动、正反转、制动等运行方式的控制,以及必要的保护,满足生产工艺要求,实现生产过程自动化。电气控制系统的实现采用继电接触器逻辑控制、可编程逻辑控制、计算机控制等方法。任何简单的、复杂的电气控制线路,都是按照一定的控制原则,由基本的控制环节组成的。

1. 电气控制线路的图形、文字及绘制原则

(1) 电气控制线路的组成：由各种有触点的接触器、继电器、按钮、行程开关等组成。

(2) 电气图：为了表达设备电气控制系统的结构组成和工作原理等设计意图，同时也为了便于系统的安装、调试、使用和维修，将电气控制系统中的各电器元件的连接用一定的图形表达出来，这种工程图即电气图。

(3) 电气图分类：常用于机械设备的电气工程图有 3 种，分别是电气原理图、电气接线图、元器件布置图。

(4) 电气图绘制原则：电气图是根据国家电气制图标准，用规定的图形符号、文字符号以及规定的画法绘制而成的。我国电气设备的有关国家标准包括 GB/T 4728.7—2022《电气简图用图形符号》、GB/T 6988.1—2008《电气制图》和 GB/ 7159—1987《电气技术中的文字符号制订通则》，规定电气图中的图形和文字符号必须符合国家的最新标准。

2. 端子标记

电气图中各电器的接线端子用规定的字母、数字符号标记。按国家标准 GB 4026—1983《电器接线端子的识别和用字母数字符号标志接线端子的通则》规定：三相交流电源的引入线用 L1、L2、L3、N、PE 标记；直流电源正极、负极、中间线分别用 L+、L−、M 标记；三相动力电器的引出线分别按 U、V、W 顺序标记；分级电源在 U、V、W 前加数字 1、2、3 来标记；分支电路在 U、V、W 后加数字 1、2、3 来标记，控制电路用不多于 3 位的阿拉伯数字编号。

3. 电气原理图的绘制原则

电气原理图是根据电气动作原理绘制的，用来表示电气的动作原理，及分析动作原理和排除故障，而不考虑电气设备的电气元器件的实际结构和安装情况。通过电路图，可详细地了解电路、设备电气控制系统的组成和工作原理，并可在测试和寻找故障时提供足够的信息，同时电气原理图也是编制接线图的重要依据。电气原理图绘制原则如下。

(1) 电气原理图由主电路和辅助电路两部分组成。

(2) 各电气元件不画实际的外形图，而是采用国家统一规定的图形符号和文字符号。

(3) 电气元件的各部件根据需要可以不画在一起，但文字符号要相同。

(4) 所有电器的触点都按没有通电和没有外力作用时的初始开闭状态画出。

(5) 在主电路或辅助电路中，各电气元件一般按动作顺序从上到下、从左到右依次排列，可水平布置或垂直布置。

(6) 有直接电联系的交叉导线的连接点，要用黑圆点表示，无直接电联系的交叉导线，交叉处不能画黑圆点。

图面区域的划分：为了便于确定电气原理图的内容和组成部分在图中的位置，常在图纸上分区。竖边方向用大写拉丁字母 A、B、C⋯ 编号，横边用阿拉伯数字 1、2、3⋯ 编号。

符号位置的索引：电气原理图中，在继电器、接触器线圈的下方标注有该继电器、接触器相应触点所在图中位置的索引代号，索引代号用图区号表示，如图 1-1-35 所示。

继电器各栏的含义:　　接触器各栏的含义:

左栏	右栏
常开触点的图区号	常闭触点的图区号

左栏	中栏	右栏
主触点的图区号	辅助常开触点的图区号	辅助常闭触点的图区号

KM		
2	4	×
2	×	×
2		

图 1-1-35　继电器与接触器各栏含义区分

电气图中技术数据的标注:电气图中各电气元器件的型号,常在电气原理图中电气元件文字符号下方标注出来。

4. 电气元件布置图

电气元件布置图如图 1-1-36 所示,表明电气设备上所有电气原理图中各元器件的实际安装位置和用电设备的实际位置,是电气控制设备制造、装配、调试和维护必不可少的技术文件。可根据电气控制系统复杂程度采取集中绘制或单独绘制。如:电气控制柜与操作台(箱)内部布置图;电气控制柜与操作台(箱)面板布置图。其中,控制柜与操作台(箱)外形轮廓用细实线绘出;电气元件及设备用粗实线绘出外形轮廓,标明实际的安装位置;电器元件及设备代号要与有关电路图和设备清单上所用的代号相对应。

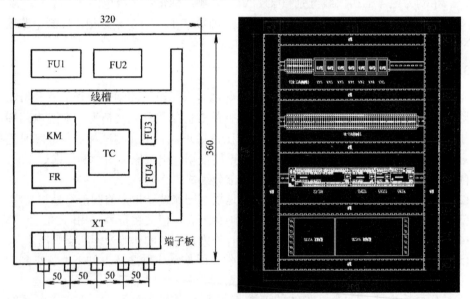

图 1-1-36　电气元件布置图

电气元件的布置应注意以下几方面。

(1) 体积大和较重的电气元件在下方,发热元件在上方。

(2) 强电、弱电应分开。

(3) 需要经常维护、检修、调整的电气元件的安装位置,不宜过高或过低。

(4) 电气元件的布置应考虑整齐、美观、对称。外形尺寸与结构类似的电气元件安装在一起,以利于安装和配线。

（5）电气元件布置不宜过密，应留有一定间距，利于布线和维修。

电气接线图是表示电气设备或装置连接关系的简图。安装接线图是按照电气元件的实际位置和实际接线绘制的，根据电气元件布置最合理、连接导线最经济等原则来设计。电气接线图主要用于电器的安装接线、线路检查、线路维修和故障处理，通常接线图与电气原理图和元器件布置图一起使用。

电气接线图的绘制原则如下。

（1）位置：各电气元件均按实际安装位置绘出，电气元件所占图面按实际尺寸以统一比例绘制。

（2）集中：一个电气元件中所有的带电部件均应画在一起，并用点划线框起来，即采用集中表示法。

（3）一致：各电气元件的图形符号和文字符号必须与电气原理图一致，并且符合国家标准。

（4）编号：各电气元件上凡是需接线的部件端子都应绘出，并予以编号，各接线端子的编号必须与电气原理图上的导线编号相一致。

（5）合并：绘制安装接线图时，走向相同的相邻导线可以绘成一股线。

学习情境二　电动机联锁正反转 PLC 控制

📃 学习情境描述

电动机正转控制线路只能让电动机朝一个方向旋转，带动的生产机械也只能朝一个方向运动。但在生产实际中，像生产车间换气扇的通风换气、生产机械运料小车的往返运动、机床工作台的前进与后退及万能铣床主轴的顺铣与逆铣、起重机吊钩的上升与下降等，都要求电动机能够实现正、反转控制。现有某企业需要安装一台换气扇，以实现车间送风与排风功能，如图 1-2-1 所示。

图 1-2-1　换气扇

⚙ 学习目标

通过分析电动机联锁正反转的情境任务，用不同的方式方法获取信息，然后制订学习

计划、完成决策、实施计划，最后进行多方评价，就可以完成如表 1-2-1 所示的学习目标。

表 1-2-1　电动机联锁正反转 PLC 控制学习目标

知识目标	技能目标	素养目标
1. 熟悉常用按钮、接触器、热继电器的功能、结构、工作特性及型号含义，熟识其图形符号和文字符号。 2. 理解继电器控制线路向 PLC 梯形图转化的方法。 3. 熟悉电动机正反转控制的 PLC 控制线路的功能、特点及工作原理，了解其在工程技术中的典型应用	1. 能绘制换气扇 PLC 控制线路图、布置图和接线图。 2. 能完成常用按钮、接触器、热继电器的检测与安装。 3. 能完成 PLC 接线图的绘制及线路的安装方法、步骤及工艺要求，能根据工作任务要求安装、调试、运行和维修换气扇控制线路	1. 树立安全意识，养成安全文明的生产习惯。 2. 培养团结协作的职业素养，树立勤俭节约、物尽其用的意识。 3. 培养分析及解决问题的能力，鼓励读者结合实际生产需要，对客观问题进行分析，并提出解决方案

工作任务书及分析

换气扇是用来通风换气的常用设备，需要通风时，按下通风启动按钮，换气扇转动，向外排出污浊空气；需要换气时，按下换气启动按钮，换气扇反转，向车间送入新鲜空气。

车间换气控制系统由换气扇电动机、电源、控制线路板和操作按钮等构成。其技术信息如下。

(1) 换气扇电动机的主要技术参数：额定功率为 4 kW，额定频率为 50 Hz，额定电压为 380 V，额定工作电流为 8.8 A，采用△接法，额定转速为 2880 r/min，绝缘等级为 B级，防护等级为 IP13。

(2) 控制功能：考虑到换气扇的安装以及可以移动性，设通风、换气(正、反)按钮直接控制换气扇电动机的正、反转，以达到操作方便的目的。换气扇、控制线路出现短路故障时，控制系统应能立即切断换气扇的电源，起到短路保护作用。同时还有防止操作人员发生触电事故的安全措施。

(3) 控制线路：考虑到控制系统的安全性、方便性、可靠性、功能的可改变性和后期维护的方便性，可以采用按钮、接触器和 PLC 控制换气扇，其 PLC 控制电气原理图和控制板实物图如图 1-2-2 和图 1-2-3 所示。它是由三相电源(L1、L2、L3)、低压断路器 QF、低压熔断器 FU1 和 FU2、交流接触器 KM、热继电器 FR、按钮(SB1、SB2 和 SB3)、三菱FX3U-48MR、三相交流异步电动机 M 构成。

要改变换气扇的旋转方向就要改变电动机的旋转方向。当改变通入三相交流异步电动机定子绕组的三相电源相序，即把接入电动机三相电源进线的任意两相对调接线，电动机就会反转。其原理就是当两相电源线调换后，三相电源所产生的旋转磁场也改变方向，转子导体中所受的电磁力形成的电磁转矩也随之改变方向，从而达到改变电动机转向的目的。

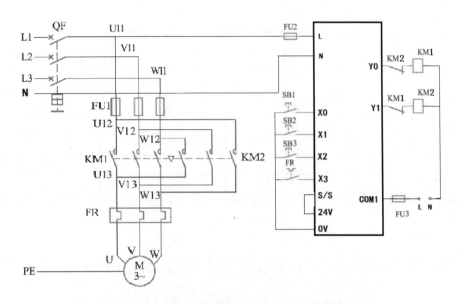

图 1-2-2　电动机联锁正反转 PLC 控制电气原理图

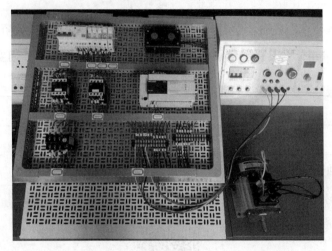

图 1-2-3　电动机联锁正反转 PLC 控制板实物图

电动机联锁正反转 PLC 控制设计及调试过程的微课如下。

 线上学习资源

👥 任务分组

　　将学生按 4~6 人一组进行分组，明确每组的工作任务，并填写分组任务表，如表 1-2-2 所示。每组任务可以相同也可以有差异性，视任务量大小而定。

表 1-2-2　电动机联锁正反转 PLC 控制分组任务表

班级		组号		指导老师	
组长		学号			
组员	姓名	学号	姓名	学号	
任务分工:					

注：此表仅为模板，可扫描教学表单二维码下载教学表单，根据具体情况进行修改、打印。

 获取信息

认真阅读任务要求，根据本学习任务所需要掌握的内容，收集相关资料。

❓ 引导问题 1：什么是接触器联锁控制？ 在 PLC 梯形图中，如何实现联锁？

_____

_____

_____

学习交流接触器联锁控制的微课如下。

📱 线上学习资源

📖 线下学习资料

从控制线路工作原理分析可以得出：接触器 KM1 和 KM2 的主触点绝不允许同时闭合，否则将造成两相电源(L1 相和 L3 相)短路事故。为了避免两个接触器 KM1 和 KM2 线圈同时通电动作，在正、反转控制回路中分别串接了对方接触器的一对辅助动断触点。这样，当一个接触器线圈通电动作时，会通过其辅助动断触点将另一个接触器控制回路切断，使另一个接触器线圈不能通电；同时，若一个接触器的主触点熔焊，由于其串接在另一个接触器控制回路中的辅助动断触点断开，即使按下另一个接触器的启动按钮，同样也不能使另一个接触器线圈通电，有效地保证了两个接触器线圈不能同时通电动作。接触器之间这种相互制约的作用称为接触器联锁(或互锁)。实现联锁作用的辅助动断触点称为联锁触点(或互锁触点)，联锁符号用"▽"表示。因此，接触器联锁正反转控制线路具有工作安全可靠的特点，但操作不方便。因为电动机从一个旋转方向转变为另一个旋转方向时，必须先按下停止按钮后，才能按另一个旋转方向的启动按钮，否则由于接触器的联锁作用，不能实现反方向旋转。

? **引导问题 2**：行线槽应该怎么制作安装呢？

_____

_____

_____

囲 线下学习资料

安装行线槽时，应做到横平竖直、排列整齐匀称、安装牢固和便于走线，行线槽对接时应采用 45° 角。图 1-2-4 所示为行线槽制作与安装示意图。

(a) 量取行线槽尺寸

(b) 在行线槽上根据切断角度画出加工线

(c) 在台虎钳上固定行线槽

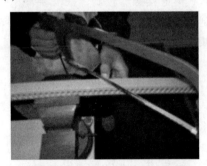

(d) 用钢锯沿加工线切断行线槽

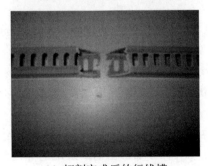

(e) 切割完成后的行线槽

(f) 用锉刀按角度要求修整切断口毛刺

图 1-2-4　行线槽制作与安装示意图

(g) 行线槽对角安装固定

图 1-2-4　行线槽制作与安装示意图(续)

❓ 引导问题 3：继电接触器控制线路怎么向 PLC 控制梯形图转化呢？

_____

_____

_____

📖 线下学习资料

　　三相异步电动机的典型工作方式有启动、正反转、制动及调速等，在采用 PLC 进行控制时，驱动三相交流异步电动机的主电路与传统继电接触器控制主电路完全相同。用 PLC 控制取代继电接触器控制，仅需要考虑如何用 PLC 程序来替代控制部分的"硬"接线，即将控制部分的线路转化为 PLC 控制程序的梯形图形式。

　　基于 PLC 的工作方式特点，决定了 PLC 梯形图的画法不同，程序运行结果也会有所变化。PLC 控制梯形图的绘制需遵循一定的规定及要求，梯形图左右两边分别对应的左母线、右母线须采用竖直线，左母线必须画出，右母线在绘制时可以省略。除组成梯形图的回路块自上而下排列的顺序应依据动作的先后顺序外，还需注意以下几个方面的要求。

　　(1) 梯形图中的连接线可看作电路中的连接导线，但不允许交叉且只能采取水平或竖直画法。

　　(2) 梯形图中的触点(或称接点)一般只能水平绘制，不允许采用竖直画法(前述的主控指令 MC 为特例)。

　　(3) 各类软继电器(如输出继电器、辅助继电器、定时器等)的线圈只能与右母线连接，不能与左母线相接；而各类反映存储单元状态的触点不允许与右母线相连。

　　(4) 各类触点或"导线"中的"电流"自左向右单方向流动，不能出现反向流动现象。结合梯形图画法要求，可分别对如图 1-2-5(a)所示"启保停"原理图的控制部分做如下等效变化。

　　① 如图 1-2-5(a)中原控制线路中的熔断器在等效变换中不做考虑，该保护作用在 PLC 控制线路连接时通过输出部分的电源保护实现。从符合梯形图的画法规范并达到简化 PLC 控制程序触点的逻辑运算的目的出发，根据电路中改变器件串联顺序而原有功能不变的特点，将控制器件的连接顺序进行调整，如图 1-2-5(b)所示。

　　② 结合梯形图自上而下，自左而右的画法布局，将图 1-2-5(b)旋转 90°呈水平方向，如图 1-2-5(c)所示。图 1-2-5(c)中启动、自锁条件对应常开触点，停止按钮、保护措施的热继电器触点为常闭触点形式；前边的条件用于驱动控制执行器件接触器线圈。分别将图中所有常开触点、常闭触点及线圈用 PLC 的常开触点符号、常闭触点符号及输出线圈符号替换。

　　③ 输入/输出端定义：启动按钮 SB1 与输入继电器 X000 对应，停车按钮 SB2 对应输入继电器 X001，热继电器常闭触点 FR 对应于 X002；接触器线圈 KM 对应于输出继电器 Y000，KM 的常开辅助触点对应反映输出继电器状态的常开触点 Y000。在对应的梯形图符号旁标注各自的输入、输出继电器编号，如图 1-2-5(d)所示。

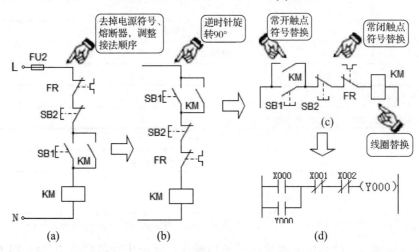

图 1-2-5　"启保停"电路的梯形图转化方法

图 1-2-5(d)为"启保停"控制任务的 PLC 控制梯形图，至此梯形图的转换完成

　　继电器和可控硅输出方式适用于较高电压、较大输出功率负载的输出驱动；晶体管和可控硅输出方式适用于快速、频繁动作的场合。由于 PLC 的输出公共端 COM、输出接口电路中未设有短路保护措施，故在输出电路中均需设置安装相应的保护性器件。

⊗ 工作计划

　　按照前面收集到的相关资料，各小组制订出工作计划，把相关工作计划内容填入表 1-2-3 中。

表 1-2-3　电动机联锁正反转 PLC 控制工作计划表

典型工作任务			
工作小组		组长签名	
典型工作过程描述			

续表

任务分工				
序号	工作步骤	注意事项	负责人	备注
电动机联锁正反转 PLC 控制工作原理分析				
仪表、工具、耗材和器材清单				
序号	名称	型号与规格	单位	数量
计划评价				
组长签字		教师签字		
计划评价				

注：此表仅为模板，可扫描教学表单二维码下载教学表单，根据具体情况进行修改、打印。

? 引导问题 1：结合中级维修电工控制要求，画出电动机联锁正反转 PLC 控制线路接线图。

? 引导问题 2：结合中级维修电工控制要求、引导问题 1 的接线图、任务书技术要求和功能以及实际现场，画出梯形图。

🤝 **完成决策**

各组派代表阐述设计方案并对其他组的设计方案提出自己不同的看法；教师结合大家完成的情况进行点评，选出最佳方案，完成表 1-2-4 中的内容。

表 1-2-4　电动机联锁正反转 PLC 控制任务决策表

典型工作任务					
计划对比					
序号	计划的可行性	计划的经济性	计划的安全性	计划的实施难度	综合评价
1					
2					
3					
决策分析与评价	班级		组长签字		第___组
	教师签字		日期		

注：此表仅为模板，可扫描教学表单二维码下载教学表单，根据具体情况进行修改、打印。

⟳ 工作实施

综合决策方案，按照工作任务及工作计划写出工作思路和工作步骤并填入表 1-2-5 中。

表 1-2-5　电动机联锁正反转 PLC 控制任务实施表

典型工作任务		
任务实施		
序号	输入输出硬件调试与程序调试步骤	注意事项
实施说明		
实施评价	班级	组长签字	第___组
	教师签字	日期	

注：此表仅为模板，可扫描教学表单二维码下载教学表单，根据具体情况进行修改、打印。

👍 评价反馈

工作实施完成后，各组代表展示本任务的作品，介绍本任务的完成过程。学生通过扫描线上评价表单二维码完成学生自评表和学生互评表，教师和企业人员扫描线上评价表单二维码分别完成教师评价表、企业专家评价表。

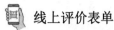
线上评价表单

教学表单

📎 **学习情境的相关知识点**

(一)按钮和接触器双重联锁正反转控制线路

1. 按钮和接触器双重联锁正反转控制线路的构成

图 1-2-6 所示为按钮和接触器双重联锁正反转控制线路电路图。与接触器联锁的控制线路相比较，正反转制动按钮 SB1、SB2 换成了复合按钮，并将两个启动按钮的动断触点串接到了对方控制回路中，从而构成了按钮和接触器双重联锁正反转控制线路。该控制线路要使电动机从一个旋转方向转为另一个旋转方向时，可直接按下另一旋转方向启动按钮，无须再先按下停止按钮，使线路操作更加方便，工作安全可靠。

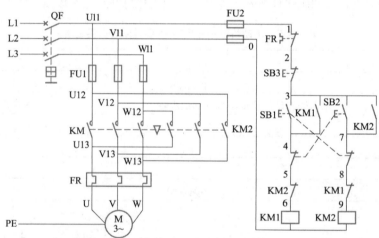

图 1-2-6 按钮和接触器双重联锁正反转控制线路电路图

2. 按钮与接触器双重联锁正反转控制线路工作原理

该线路的工作原理如下。

先合上电源开关 QF。

(1) 正转控制

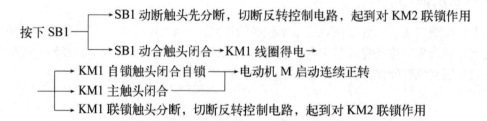

(2)　反转控制

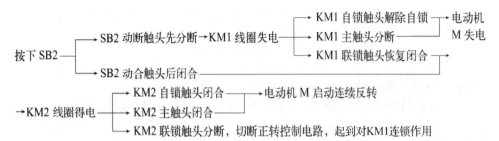

(3)　停止控制

停止时，按下停止按钮 SB3，控制电路断电，接触器 KM1 或 KM2 主触点分断，电动机 M 断电停转。

(二)位置与自动往返控制线路

1. 小车位置控制线路的构成

在图 1-2-7 所示的小车位置控制线路电路图中，位置开关 SQ1、SQ2 的动断触点分别串接在正转控制回路和反转控制回路中。当安装在小车前后的挡铁 1 或挡铁 2 碰撞位置开关的滚轮时，位置开关的动断触点分断，切断控制回路，使小车自动停止。小车的行程和位置可通过移动位置开关的安装位置来调节。

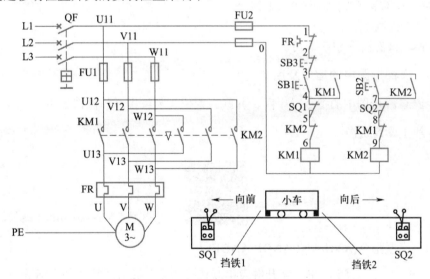

图 1-2-7　小车位置控制线路电路图

像这种利用生产机械运动部件上的挡铁与位置开关碰撞，使其触点动作来接通或断开电路，以实现对生产机械运动部件的位置或行程的自动控制，称为位置控制，又称为行程控制或限位控制。实现这种控制要求所依靠的主要电气元件是位置开关。

2. 小车位置控制线路的工作原理

控制线路的工作原理如下。

先合上电源开关 QF。

(1) 小车向左运动控制

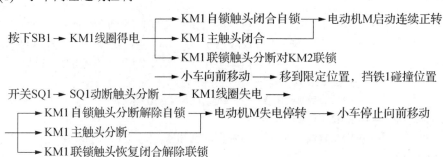

此时，即使再按下 SB1，由于 SQ1 动断触头已分断，接触器 KM1 线圈也不会得电，保证了小车不会超过 SQ1 所在的位置。

(2) 小车向右运动控制

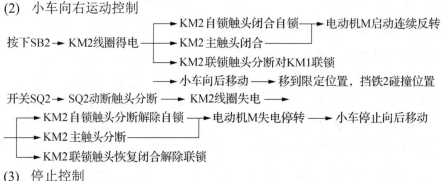

(3) 停止控制

停止时，只需按下 SB3 即可。

(三)PLC 梯形图中的指令及用法

学习 PLC 梯形图中的指令：串联、并联、置位、复位指令的微课如下。

 线上学习资源

1. 触点串联指令(AND/ANI/ANDP/ANDF)

(1) AND "与"指令。单个常开触点串联连接指令，完成逻辑"与"运算。

(2) ANI "与非"指令。单个常闭触点串联连接指令，完成逻辑"与非"运算。

(3) ANDP "上升沿与"指令。上升沿检测串联连接指令，触点的中间用一个向上的箭头表示上升沿，受该类触点驱动的线圈只在触点的上升沿接通一个扫描周期，如图 1-2-8 所示。

(4) ANDF "下降沿与"指令。下降沿检测串联连接指令，触点的中间用一个向下的箭头表示下降沿，受该类触点驱动的线圈只在触点的下降沿接通一个扫描周期，如图 1-2-9 所示。

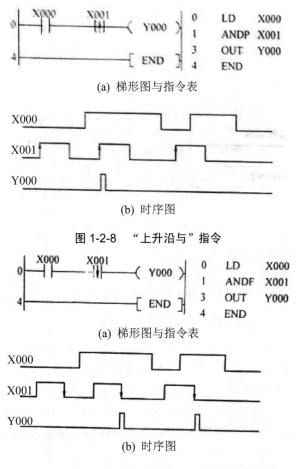

(a) 梯形图与指令表

(b) 时序图

图 1-2-8 "上升沿与"指令

(a) 梯形图与指令表

(b) 时序图

图 1-2-9 "下降沿与"指令

触点串联指令的使用说明如下。

① 触点串联指令都是指单个触点串联连接的指令，串联次数没有限制，可反复使用。

② 触点串联指令的目标元件为输入继电器 X、输出继电器 Y、辅助继电器 M、定时器 T、计数器 C 和状态继电器 S。

2. 触点并联指令(OR/ORI/ORP/ORF)

(1) OR "或"指令。单个常开触点并联连接指令，实现逻辑"或"运算。

(2) ORI "或非"指令。单个常闭触点并联连接指令，实现逻辑"或非"运算。

(3) ORP "上升沿或"指令。上升沿检测并联连接指令，触点的中间用一个向上的箭头表示上升沿，受该类触点驱动的线圈只在触点的上升沿接通一个扫描周期。

(4) ORF "下降沿或"指令。下降沿检测并联连接指令，触点的中间用一个向下的箭头表示下降沿，受该类触点驱动的线圈只在触点的下降沿接通一个扫描周期，如图 1-2-10 所示。

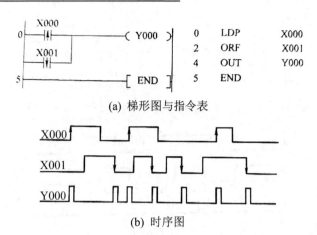

(a) 梯形图与指令表

(b) 时序图

图 1-2-10　"下降沿或"指令

触点并联指令的使用说明如下。

①　触点并联指令都是指单个触点并联连接的指令,并联次数没有限制,可反复使用。

②　触点并联指令的目标元件为 X、Y、M、T、C 和 S。

3. 自保持与解除(也称置位/复位)指令(SET/RST)

(1) SET "自保持(置位)" 指令。指令使被操作的目标元件置位并保持。

(2) RST "解除(复位)" 指令。指令使被操作的目标元件复位并保持清零状态。

SET、RST 指令的使用如图 1-2-11 所示。当 X010 常开触点接通时,Y010 变为 ON 状态并一直保持该状态,即使 X010 常开触点断开,Y010 的 ON 状态仍维持不变;只有当 X011 的常开触点接通时,Y010 才变为 OFF 状态并保持,即使 X011 常开触点断开,Y010 也仍为 OFF 状态。

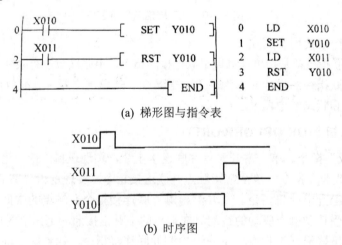

(a) 梯形图与指令表

(b) 时序图

图 1-2-11　SET、RST 指令

自保持与解除指令的使用说明如下。

①　SET 指令的目标元件为 Y、M、S,RST 指令的目标元件为 Y、M、S、T、C、D、V、Z。RST 指令常被用来对 D、Z、V 的内容清零,还用来复位积算定时器和计数器。

②　对于同一目标元件,SET、RST 可多次使用,顺序也可随意,但最后执行者有效。

学习情境三　电动机 Y-△降压启动 PLC 控制

学习情境描述

在前面安装完成的各种控制线路中，电动机启动时，加在电动机的定子绕组上的电压都是额定电压，这种启动方式称为全压启动，也称为直接启动。这种启动方式的优点是所用电气设备少，线路简单，维修量较小。但在全压启动时，电动机的启动电流较大，一般为电动机额定电流的 4～7 倍。在电源变压器容量不够大，而电动机功率较大的情况下，全压启动将导致电源变压器输出电压下降，这不仅会减小电动机本身的启动转矩，而且会影响同一供电线路中其他电气设备的正常工作。因此，对于容量较大的电动机启动时，需要采用降压启动的方法。

图 1-3-1　水泵电动机

某企业有一台 12 kW 的水泵电动，如图 1-3-1 所示。

学习目标

通过分析电动机 Y-△降压启动的情境任务，用不同的方式方法获取信息，然后制订学习计划、完成决策、实施计划，最后进行多方评价，就可以完成如表 1-3-1 所示的学习目标。

表 1-3-1　电动机 Y-△降压启动 PLC 控制学习目标

知识目标	技能目标	素养目标
1. 熟悉时间继电器的功能、结构、工作特性及型号含义，熟识其图形符号和文字符号。 2. 熟悉 PLC 编程软元件：定时器 T。 3. 熟悉电动机 Y-△降压启动的 PLC 控制线路的功能、特点及工作原理，了解其在工程技术中的典型应用	1. 能绘制电动机 Y-△降压启动 PLC 控制线路图、布置图和接线图。 2. 掌握 PLC 接线图的绘制及线路的安装方法、步骤及工艺要求，能根据工作任务要求安装、调试、运行和维修电动机控制线路	1. 树立安全意识，养成安全文明的生产习惯。 2. 培养团结协作的职业素养，树立勤俭节约、物尽其用的意识。 3. 培养分析及解决问题的能力，鼓励读者结合实际生产需要，对客观问题进行分析，并提出解决方案

工作任务书及分析

水泵控制系统由水泵电动机、电源和控制线路板等构成。其技术信息如下。

(1) 水泵电动机的主要技术参数：额定功率为 11 kW，额定频率为 50 Hz，额定电压为 380 V，额定工作电流为 22 A，采用△接法，额定转速为 2930 r/min，功率因数为 0.89，绝缘等级为 B 级，防护等级为 IP13。

(2) 控制功能：按下启动按钮后，水泵电动机定子绕组先接成 Y 形接法降压启动后，再经过延时，水泵电动机定子绕组转换成△形接法进行全压运行。当水泵电动机、控制线

路出现短路故障时，控制系统应能够立即切断电源，起到短路保护作用。同时还应有防止操作人员发生触电事故的安全措施。

采用 Y-△降压启动控制水泵电动机，其 PLC 控制电气原理图如图 1-3-2 所示，其 PLC 控制板实物图如图 1-3-3 所示。它由三相交流电源(L1、L2、L3)、断路器 QF 组成电源电路；由交流接触器 KM、KMY、KM△和热继电器 FR 及三相交流异步电动机 M 构成主电路，由低压熔断器 FU1、FU2 分别作为主电路和控制电路的短路保护；控制电路中主要用启动按钮 SB1、停止按钮 SB2 及 PLC 完成控制。

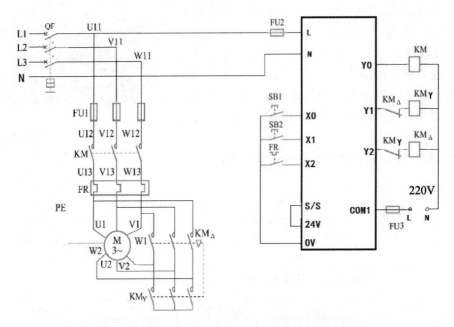

图 1-3-2　水泵电动机 Y-△降压启动 PLC 控制电气原理图

图 1-3-3　水泵电动机 Y-△降压启动 PLC 控制板实物图

电动机 Y-△降压启动 PLC 控制设计及调试过程的微课如下。

线上学习资源

 任务分组

　　将学生按 4～6 人一组进行分组，明确每组的工作任务，并填写分组任务表，如表 1-3-2 所示。每组任务可以相同也可以有差异性，视任务量大小而定。

表 1-3-2　电动机 Y-△降压启动 PLC 控制分组任务表

班级		组号		指导老师	
组长		学号			
组员	姓名	学号	姓名	学号	
任务分工：					

注：此表仅为模板，可扫描教学表单二维码下载教学表单，根据具体情况进行修改、打印。

获取信息

　　认真阅读任务要求，根据本学习任务所需要掌握的内容，收集相关资料。

❓ **引导问题 1：认识时间继电器。**

_____

_____

_____

学习时间继电器的微课如下。

 线上学习资源

📖 线下学习资料

时间继电器的介绍

1. 时间继电器的功能与分类

1) 功能

时间继电器是继电器的一种。

它是一种利用电磁原理或机械动作原理实现自得到信号起到触点延时闭合(或延时断开)的自动控制电器。

时间继电器用于接收电信号至触点动作需要延时的场合。在电气控制设备中,作为实现按时间原则控制的元件或机床机构动作的控制元件。

2) 分类

(1) 按动作原理分:主要有空气阻尼式、电磁式、电动式及晶体管式等几种。

空气阻尼式时间继电器的延时范围可达到数分钟,但整定精度往往较差,只适用于一般场合。

一般电磁式时间继电器的延时范围在十几秒以下,多为断电延时型,其延时整定的精度和稳定性不是很高,但继电器本身适应能力较强,常在一些要求不太高,工作条件又较恶劣的场合使用。

电动式时间继电器的延时精度高,延时可调范围大(由几分钟到十几小时),但结构复杂,价格较高。

晶体管式时间继电器也称为半导体时间继电器或电子式时间继电器,具有机械结构简单、延时范围宽、整定精度高、体积小、耐冲击和耐振动、消耗功率小、调整方便及寿命长等优点。

晶体管式时间继电器按结构可分为阻容式和数字式两类;按延时方式可分为通电延时、断电延时、复式延时和多制式等延时类型。

(2) 按延时特点分:有通电延时动作型和断电延时复位型两种。

通电延时动作型就是通电后,开始延时,达到延时时间后,延时触点动作;

断电延时复位型就是通电时不延时,其触点瞬时动作(动合触点闭合、动断触点断开),断电后,触点才开始延时复位,达到延时时间后,延时触点复位。

但无论是通电延时动作型还是断电延时复位型,其瞬时触点都是瞬时动作,不受延时机构的影响。

2. 时间继电器的外形与符号

时间继电器的外形与符号分别如图 1-3-4、图 1-3-5 所示。

 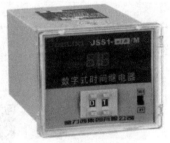

(a) JS7-□A 系列　　　　　(b) JSS 系列(数字式)

图 1-3-4　时间继电器的外形

(c) JSZ3(ST3P)系列

(d) JS20 系列

图 1-3-4　时间继电器的外形(续)

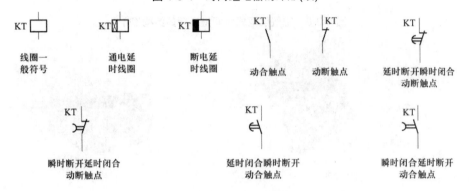

图 1-3-5　时间继电器的符号

3. 时间继电器的结构

(1)　JS7-□A 系列空气阻尼式时间继电器的结构如图 1-3-6 所示。

空气阻尼式时间继电器的电磁系统为直动式双 E 形电磁铁；延时机构采用气囊式阻尼器；触点系统是借用 LX5 型微动开关，包括两对瞬时触点(1 动合、1 动断)和两对延时触点(1 动合、1 动断)；它是利用气囊中的空气通过小孔节流的原理来获得延时动作的。

(2)　JSZ3 时间继电器的结构如图 1-3-7 所示。

该系列时间继电器的主体部分有保护外壳，其内部是印制电路。

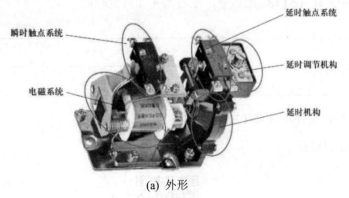

(a)　外形

图 1-3-6　空气阻尼式时间继电器的结构

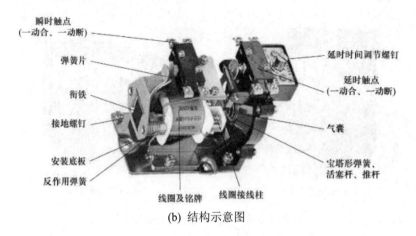

(b) 结构示意图

图 1-3-6　空气阻尼式时间继电器的结构(续)

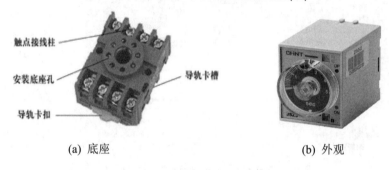

(a) 底座　　　　　　　　　(b) 外观

图 1-3-7　JSZ3 时间继电器的结构

安装和接线采用专用的插接座，并配有带插脚标记的标牌作为接线指示。上标盘上有延时设定表盘和发光二极管作为动作指示。

JSI3 时间继电器按结构形式可分为装置式、面板式和 35 mm 导轨式三种安装方式。

①　装置式具有带接线端子和胶木底座。

②　面板式采用通用八大脚插座，可直接安装在控制台的面板上。

③　导轨式可安装在 35 mm 的标准导轨上，方便拆装。

❓ 引导问题 2：在 PLC 控制中，定时器是如何定时的？

_____

_____

_____

学习 PLC 编程软件定时器 T 的微课如下。

 线上学习资源

线下学习资料

编程软元件：定时器 T

PLC 中的定时器(T)相当于继电器控制系统中的通电型时间继电器。它可以提供无限对常开常闭延时触点。定时器中有一个设定值寄存器(一个字长)，一个当前值寄存器(一个字长)和一个用来存储其输出触点的映像寄存器(一个二进制位)，这三个量使用同一地址编号，定时器采用"T"与十进制数共同组成编号(只有输入输出继电器才用八进制数)，如 T0、T198 等。

FX3U 系列中定时器可分为通用定时器、积算定时器两种。它们是通过对一定周期的时钟脉冲计数实现定时的，时钟脉冲的周期有 1 ms、10 ms、100 ms 三种，当所计脉冲个数达到设定值时触点动作。设定值可用常数 K 或数据寄存器 D 的内容来设置。

1. 通用定时器

(1) 100 ms 通用定时器(T0~T199)共 200 点，其中 T192~T199 为子程序和中断服务程序专用定时器。这类定时器是对 100 ms 时钟累积计数，设定值为 1~32 767，所以其定时范围为 0.1~3276.7 s。

(2) 10 ms 通用定时器(T200~T245)共 46 点。这类定时器是对 10 ms 时钟累积计数，设定值为 1~32 767，所以其定时范围为 0.01~327.67 s。

如图 1-3-8 所示为通用定时器的内部结构示意图。通用定时器的特点是不具备断电保持功能，即当输入电路断开或停电时定时器复位。如图 1-3-9 所示，当输入 X000 接通时，定时器 T0 从 0 开始对 100 ms 时钟脉冲进行累积计数，当 T0 当前值与设定值 K1000 相等时，定时器 T0 的常开触点接通，Y000 接通，经过的时间为 1000×0.1 s=100 s。当 X000 断开时，定时器 T0 复位，当前值变为 0，其常开触点断开，Y000 也随之断开。若外部电源断电或输入电路断开，定时器也将复位。

2. 积算定时器

(1) 1 ms 积算定时器(T246~T249)共 4 点，是对 1 ms 时钟脉冲进行累积计数，定时的时间范围为 0.001~32.767 s。

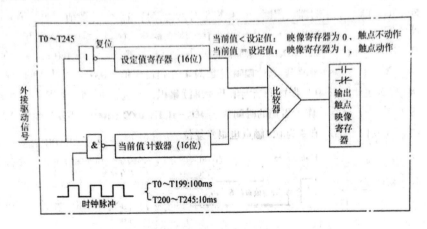

图 1-3-8　通用定时器的内部结构示意图

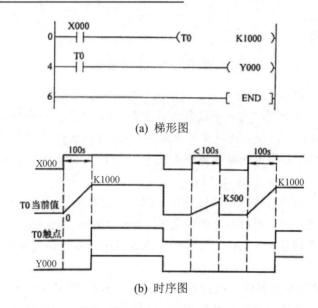

(a) 梯形图

(b) 时序图

图 1-3-9　通用定时器应用举例

(2) 100 ms 积算定时器(T250～T255)共 6 点,是对 100 ms 时钟脉冲进行累积计数,定时的时间范围为 0.1～3276.7 s。

如图 1-3-10 所示为积算定时器的内部结构示意图,积算定时器具备断电保持的功能,在定时过程中如果断电或定时器线圈断开,积算定时器将保持当前的计数值(当前值),通电或定时器线圈接通后继续累积,即其当前值具有保持功能,只有将积算定时器复位,当前值才变为 0。

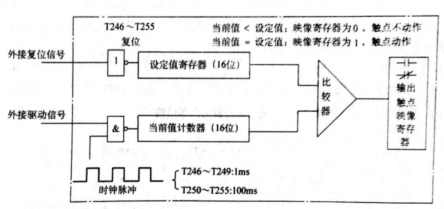

图 1-3-10　积算定时器的内部结构示意图

如图 1-3-11 所示,当 X001 接通时,T250 当前值计数器开始累积 100 ms 的时钟脉冲的个数。当 X001 经 t_1 时间后断开,而 T250 计数尚未达到设定值 K1000,其计数的当前值保留。当 X001 再次接通,T250 从保留的当前值开始继续累积,经过 t_1 时间,当前值达到 K1000 时,定时器 T250 的触点动作。累积的时间为 $t_1+t_2=0.1×1000=100$ s。当复位输入 X002 接通时,定时器才复位,当前值变为 0,触点也跟着复位。

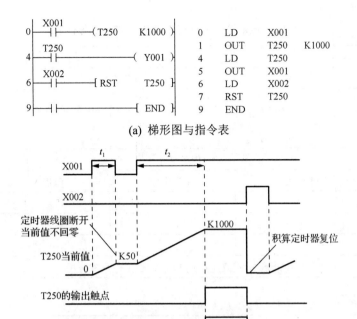

(a) 梯形图与指令表

(b) 时序图

图 1-3-11　积算定时器应用举例

3. 断电延时问题

FX3U 系列的定时器是通电延时定时器，如果需要使用断电延时的定时器，可用的电路如图 1-3-12 所示，当 X001 接通时，X001 的常开触点闭合，常闭触点断开，Y000 动作并自保，T0 不动作，而当 X001 断开后，X001 的常开触点断开，常闭触点闭合，由于 Y000 的自保，Y000 仍接通，T0 由于 X001 的常闭触点闭合而接通，开始定时，定时 10s 后，T0 的常闭触点断开，Y000 和 T0 同时断开，实现了输入信号断开后，输出延时断开的目的。

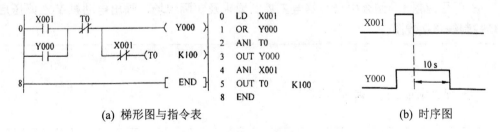

(a) 梯形图与指令表　　　　　　　　　　　　　(b) 时序图

图 1-3-12　断电延时定时器应用举例

工作计划

按照前面收集到的相关资料，各小组制订出工作计划，把相关工作计划内容填入表 1-3-3 中。

表 1-3-3　电动机 Y-△降压启动 PLC 控制工作计划表

典型工作任务				
工作小组		组长签名		
典型工作过程描述				
任务分工				
序号	工作步骤	注意事项	负责人	备注
电动机 Y-△降压启动 PLC 控制工作原理分析				
仪表、工具、耗材和器材清单				
序号	名称	型号与规格	单位	数量
计划评价				
组长签字		教师签字		
计划评价				

注：此表仅为模板，可扫描教学表单二维码下载教学表单，根据具体情况进行修改、打印。

❓ 引导问题 1：结合中级维修电工控制要求及实际现场，画出电动机 Y-△降压启动 PLC 控制线路接线图。

❓ 引导问题 2：结合中级维修电工控制要求、引导问题 1 的接线图和任务书技术要求及功能，画出梯形图。

完成决策

各组派代表阐述设计方案并对其他的设计方案提出自己不同的看法；教师结合大家完成的情况进行点评，选出最佳方案，完成表 1-3-4 中的内容。

表 1-3-4　电动机 Y-△降压启动 PLC 控制线路板任务决策表

典型工作任务					
计划对比					
序号	计划的可行性	计划的经济性	计划的安全性	计划的实施难度	综合评价
1					
2					
3					
决策分析与评价	班级		组长签字		第___组
	教师签字		日期		

注：此表仅为模板，可扫描教学表单二维码下载教学表单，根据具体情况进行修改、打印。

工作实施

综合决策方案，按照工作任务及工作计划写出工作思路和工作步骤并填入表 1-3-5 中。

表 1-3-5　电动机 Y-△降压启动 PLC 控制任务实施表

典型工作任务		
任务实施		
序号	输入输出硬件调试与程序调试步骤	注意事项
实施说明		
实施评价	班级		组长签字		第___组
	教师签字		日期		

注：此表仅为模板，可扫描教学表单二维码下载教学表单，根据具体情况进行修改、打印。

评价反馈

工作实施完成后，各组代表展示本任务的作品，介绍本任务的完成过程。学生通过扫描线上评价表单二维码完成学生自评表和学生互评表，教师和企业人员扫描线上评价表单二维码分别完成教师评价表、企业专家评价表。

 线上评价表单

 教学表单

 学习情境的相关知识点

学习 PLC 梯形图的主控、脉冲输出、空操作等指令的微课如下。

线上学习资源

(一)主控指令(MC/MCR)

(1) MC(主控指令)用于公共串联触点的连接。执行 MC 后,左母线移到 MC 触点的后面。

(2) MCR(主控复位指令)是 MC 指令的复位指令,即利用 MCR 指令恢复原左母线的位置。

在编程时常会出现这样的情况,多个线圈同时受一个或一组触点控制,如果在每个线圈的控制电路中都串入同样的触点,将占用很多存储单元,使用主控指令就可以解决这一问题。MC、MCR 指令的使用如图 1-3-13 所示,利用 MC N0 M100 实现左母线右移,使 Y000、Y001 都在 X000 的控制之下,其中 N0 表示嵌套等级,在无嵌套结构中 N0 的使用次数无限制;利用 MCR N0 恢复到原左母线状态。如果 X000 断开则会跳过 MC、MCR 之间的指令向下执行。

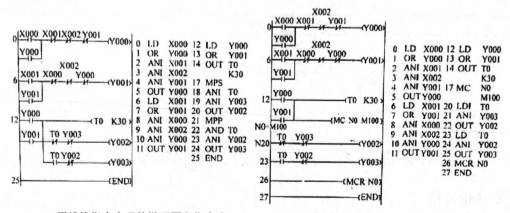

(a) 用堆栈指令实现的梯形图和指令表   (b) 用主控指令实现的梯形图和指令表

图 1-3-13 MC、MCR 指令的使用

MC、MCR 指令的使用说明如下。

(1) MC、MCR 指令的目标元件为 Y 和 M，但不能用特殊辅助继电器。MC 占 3 个程序步，MCR 占 2 个程序步。

(2) 主控触点在梯形图中与一般触点垂直(如图 1-3-14 所示梯形图中的 M100)。主控触点是与左母线相连的常开触点，是控制一组电路的总开关。与主控触点相连的触点必须用 LD 类指令。

(3) MC 指令的输入触点断开时，在 MC 和 MCR 之内的积算定时器、计数器、用复位/置位指令驱动的元件保持其之前的状态不变。非积算定时器和计数器、用 OUT 指令驱动的元件将复位，在图 1-3-15 所示梯形图中当 X000 断开，Y000 和 Y001 即变为 OFF。

(4) 在一个 MC 指令区内若再使用 MC 指令称为嵌套。嵌套级数最多为 8 级，编号按 N0→N1→N2→N3→N4→N5→N6→N7 顺序增大，每级的返回用对应的 MCR 指令，从编号大的嵌套级开始复位。

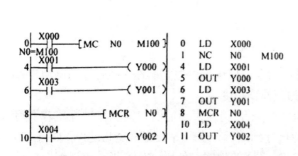

图 1-3-14　主控指令的使用

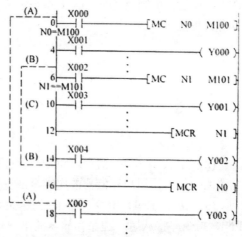

图 1-3-15　MC 指令的嵌套

(二)脉冲输出指令

(1) PLS(上升沿微分指令)在输入信号上升沿产生一个扫描周期的脉冲输出。

(2) PLF(下降沿微分指令)在输入信号下降沿产生一个扫描周期的脉冲输出。

PLS 和 PLF 指令只能用于输出继电器和辅助继电器(不包括特殊辅助继电器)。如图 1-3-16 所示梯形图中的 M0 仅在 X0 的常开触点由断开变为接通(即 X0 的上升沿)时的一个扫描周期内为 ON，M1 仅在 X0 的常开触点由接通变为断开(即 X0 的下降沿)时的一个扫描周期内为 ON。

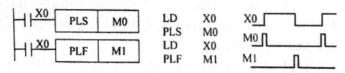

图 1-3-16　微分指令的使用

当 PLC 从 RUN 转到 STOP 状态，然后又由 STOP 进入 RUN 状态时，其输入信

号仍然为 ON，PLS M0 指令将输出一个脉冲。然而，如果用电池后备(锁存)的辅助继电器代替 M0，其 PLS 指令在这种情况下不会输出脉冲。

PLS、PLF 指令的使用说明如下。

(1) PLS、PLF 指令的目标元件为 Y 和 M。

(2) 使用 PLS 时，仅在驱动输入为 ON 后的一个扫描周期内目标元件为 ON，如图 1-3-16 所示，M0 仅在 X0 的常开触点由断到通时的一个扫描周期内为 ON；使用 PLF 指令时只是利用输入信号的下降沿驱动，其他与 PLS 相同。

(三)取反、空操作和程序结束指令

(1) 取反 INV 指令。INV 指令在梯形图中用一条与水平成 45°角的短斜线来表示，它将执行该指令之前的运算结果取反，它前面的运算结果如为 0，则将其变为 1，运算结果如为 1 则变为 0。在如图 1-3-17 所示的梯形图中，如果 X0 和 X1 同时为 ON，则 Y0 为 OFF；反之 Y0 则为 ON。INV 指令也可以用于 LDP、LDF、ANDP、ANDF、ORP、ORF 等脉冲触点指令。

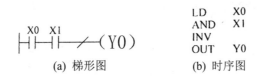

```
LD   X0
AND  X1
INV
OUT  Y0
```

(a) 梯形图   (b) 时序图

图 1-3-17　INV 指令

(2) 空操作 NOP 指令。NOP 为空操作指令，使该步序做空操作。执行完清除用户存储器的操作后，用户存储器的内容全部变为空操作指令。

(3) 结束 END 指令。END 为结束指令，将强制结束当前的扫描执行过程。若不写 END 指令，将从用户程序存储器的第一步执行到最后一步，并一直重复此过程；将 END 指令放在程序结束处，只执行第一步至 END 之间的程序，使用 END 指令可以缩短扫描周期。

在调试程序时可以将 END 指令插在各段程序之后，从第一段开始分段调试，调试好以后必须删去程序中间的 END 指令，这种方法对程序的查错也很有用处。

学习情境四　电动机逆序启动顺序停止 PLC 控制

学习情境描述

在实际生产机械中，往往装有多台电动机，而各电动机所起的作用是不同的，有时需按一定的顺序启动或停止电动机，有时还需要多地控制电动机的启停，这样才能保证操作过程的合理性、方便性和工作的安全可靠性。例如，X62W 型万能铣床，要求主轴电动机启动后，进给电动机才能启动，多级传送带启动运行时，往往需要第一级传送带启动运行后，第二级才能启动……而停止时，要求最后一级先停止，然后逐级停止，这样才能避免物料在传送带上堆积而造成事故。现有某企业需要安装三级传送带控制线路，三级传送带实物图如图 1-4-1 所示。

图 1-4-1　三级传送带实物图

⚙ 学习目标

通过分析电动机逆序启动顺序停止的情境任务，用不同的方式方法获取信息，然后制订学习计划、完成决策、实施计划，最后进行多方评价，就可以完成如表 1-4-1 所示的学习目标。

表 1-4-1　电动机逆序启动顺序停止 PLC 控制学习目标

知识目标	技能目标	素养目标
1. 熟悉常用中间继电器的功能、结构、工作特性及型号含义，熟识其图形符号和文字符号。 2. 熟悉 PLC 软继电器：辅助继电器。 3. 熟悉顺序启动的 PLC 控制线路的功能、特点及工作原理，了解其在工程技术中的典型应用	1. 能绘制传送带 PLC 控制线路图、布置图和接线图。 2. 能绘制 PLC 梯形图及优化梯形图。 3. 掌握 PLC 接线图的绘制及线路的安装方法、步骤及工艺要求，能根据工作任务要求安装、调试、运行和维修传送带控制线路	1. 树立安全意识，养成安全文明的生产习惯。 2. 培养团结协作的职业素养，树立勤俭节约、物尽其用的意识。 3. 培养分析及解决问题的能力，鼓励读者结合实际生产需要，对客观问题进行分析，并提出解决方案

📋 工作任务书及分析

传送带是企业用来传送物料的运输工具，每级传送带各由一台三相异步电动机拖动，传送带必须按生产要求运行。

三级传送带控制系统由三台牵引电动机、电源和控制线路板等构成。其技术信息如下。

(1) 传送带牵引电动机的主要技术参数：额定功率为 4 kW，额定频率为 50 Hz，额定电压为 380 V，额定工作电流为 8.8 A，采用△接法，额定转速为 1440 r/min，绝缘等级为 B 级，防护等级为 IP13。

(2) 启动传送带时，要求第一级传送带启动后，才能启动第二级传送带，第二级传送带启动后，第三级传送带才能启动；停止传送带时，要求第三级传送带停止后，第二级传

送带才能停止，第二级传送带停止后，第一级传送带才能停止。当任何一级传送带电动机过载时，三级传送带应全部停止。当传送带电动机、控制线路出现短路故障时，控制系统应能够立即切断传送带电源，起到短路保护作用。同时还应有防止操作人员发生触电事故的安全措施。

由此分析，在设计传送带控制时，其控制功能的实现可用按钮、交流接触器、PLC 等控制传送带电动机的启动和停止，同时需要有短路保护功能和防触电保护措施。

控制线路可以采用断路器作为电源开关，由按钮、接触器和 PLC 控制传送带电动机，由热继电器作为过载保护，由熔断器作为短路保护，如图 1-4-2 所示为 PLC 控制电气原理图，其 PLC 控制板实物图如图 1-4-3 所示。

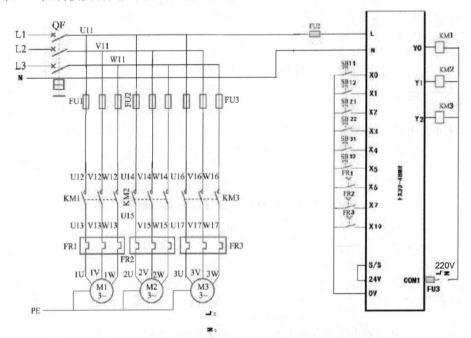

图 1-4-2　电动机逆序启动顺序停止 PLC 控制电气原理图

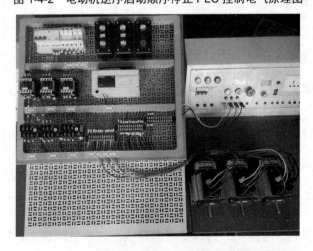

图 1-4-3　电动机逆序启动顺序停止 PLC 控制板实物图

（3）第一、第二、第三级传送带分别由电动机 M1、M2、M3 牵引，由接触器 KM1、KM2、KM3 分别控制电动机 M1、M2、M3，热继电器 FR1、FR2、FR3 分别作为电动机 M1、M2、M3 的过载保护。

（4）控制电路图中，SB1 为总停止按钮，SB11、SB21、SB31 分别为 M1、M2、M3 的启动按钮，SB12、SB22、SB32 分别为 M1、M2、M3 的停止按钮。

电动机逆序启动顺序停止 PLC 控制设计及调试过程的微课如下。

 线上学习资源

 任务分组

将学生按 4~6 人一组进行分组，明确每组的工作任务，并填写分组任务表，如表 1-4-2 所示。每组任务可以相同也可以有差异性，视任务量大小而定。

表 1-4-2　电动机逆序启动顺序停止 PLC 控制分组任务表

班级		组号		指导老师	
组长		学号			
组员	姓名	学号		姓名	学号
任务分工：					

注：此表仅为模板，可扫描教学表单二维码下载教学表单，根据具体情况进行修改、打印。

 获取信息

认真阅读任务要求，根据本学习任务所需要掌握的内容，收集相关资料。

? 引导问题 1：认识中间继电器。

_____

_____

_____

学习中间继电器的微课如下。

 线上学习资源

 线下学习资料

中间继电器的介绍

中间继电器是继电器的一种，它是用来增加控制电路中的信号数量或将信号放大的继电器。其输入信号是线圈的通电或断电，输出信号是触点的动作。其触点数量较多，所以当其他继电器的触点数或触点容量不够时，可借助中间继电器作为中间转换来控制多个元件或回路。

中间继电器触点没有主、辅之分，各对触点允许通过的电流大小相同，多数为 5 A。因此，对于工作电流小于 5 A 的电气控制线路，可用中间继电器来代替接触器控制电动机。

中间继电器的外形与符号如图 1-4-4 所示。

(a) JZ7 系列

(b) JZ14 系列

(c) JZ15 系列

图 1-4-4　中间继电器

❓ **引导问题 2：在 PLC 控制中，怎么才能起到中间继电器的作用呢？(辅助继电器)**

_____

_____

_____

学习 PLC 编程软元件辅助继电器 M 的微课如下。

 线上学习资源

线下学习资料

PLC 编程软元件：辅助继电器 M

FX3U 系列 PLC 的内部辅助继电器有通用型辅助继电器、具有掉电保持功能的辅助继电器和特殊辅助继电器 3 大类。

1. 通用型辅助继电器

通用型辅助继电器的用途和继电接触控制线路中的中间继电器相似，用于实现中间状态的存储及信号转换，但其线圈不能像输出继电器一样直接驱动外部负载，其状态只能由程序设置。通用辅助继电器的编号范围是 M0～M499(共计 500 点，十进制编号)。

2. 具有掉电保持功能的辅助继电器

掉电保护是指在 PLC 的外部工作电源异常断电(停电)情况下，机器内某些特殊的工作单元依靠机器内部电池的作用，将掉电时这些单元的状态信息保留下来。具有能够实现掉电保持的辅助继电器的编号范围为 M500～M7679，其中在电源断电时仍保持原态的通用掉电保持辅助继电器的编号范围为 M500～M1023(共计 524 点)，而 M1024～M7679 共 6656 点为专用断电保持辅助继电器。

3. 特殊辅助继电器

所谓特殊辅助继电器是指具有某些特定功能的辅助继电器，主要用于反映或设定 PLC 的运行状态，其编号范围为 M8000～M8511(其中有些未做定义也不可用)。其中又分为以下几种类型。

(1) 触点型(只读型)特殊辅助继电器：该类继电器在梯形图中只能以触点的形式出现，不能以用户控制的输出线圈形式出现，常用的有以下几种。

M8000：运行标志继电器，用于反映 PLC 的运行状态。当 PLC 处于 RUN 状态时 M8000 为 ON，处于 STOP 状态时 M8000 为 OFF。

M8002：初始脉冲继电器，仅在 PLC 运行的第一个扫描周期内处于接通状态，用于产生一个扫描周期宽度的初始脉冲。

M8011～M8014：分别对应产生周期为 10 ms、100 ms、1 s、1 min 的时钟脉冲，输出脉冲的占空比均为 0.5。以 M8013 输出 1 s 的时钟脉冲为例，其接通和断开时间均等于 0.5 s。

(2) 线圈型(可读可写)特殊辅助继电器：该类辅助继电器可由用户视需要进行设置以实现某种特定功能，常用的有以下几种。

M8030：用于设置锂电池欠压时指示灯(BATT LED)亮还是熄灭。当 M8030 为 ON 时，面板上用于反映电池电压不足的指示灯熄灭。

M8033：用于实现 PLC 停止时的状态保持，当 M8033 为 ON 时，PLC 状态开关处于 STOP 状态下，PLC 内部的各元件(如 M、C、T、D 及 Y 映像寄存器)状态仍然被保持。

M8034：禁止全部输出。当 M8034 为 ON 时，PLC 的全部输出继电器被强制停止输出。

M8039：用于实现定时扫描方式。当 M8039 为 ON 时，PLC 以指定的扫描时间工作。

引导问题 3：梯形图画法中应该注意哪些事项？该怎么应对呢？

_____

_____

📖 线下学习资料

通过前面相关指令格式、用法及典型任务控制梯形图的认知训练，结合对 PLC 梯形图绘制要求的认识，我们再进一步讨论在梯形图绘制时需注意的一些细节及逻辑转换的问题。

1. 程序结构与程序步数的关系

在并联块串联指令 ANB、串联块并联指令 ORB 用法示例中，对于两个梯形图若分别做先后、上下顺序的颠倒可对应得出如图 1-4-5(a)、(b)所示的梯形图，变换前、后梯形图功能没有任何变化，但对应的指令表在变换后块串联、块并联结构发生了变化，成为简单的"与""或"运算。

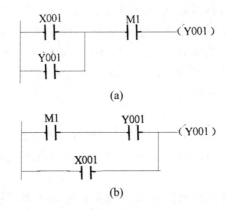

图 1-4-5　不同用法示例

在设计梯形图时，若能实现"与"运算则不必采用"块串联"结构，绘制的梯形图在出现串联逻辑运算时，将复杂连接部分调整顺序后放在回路的左前方；能以"或"运算实现的则不必采用"块并联"结构，在出现并联结构时可将复杂连接支路放在上方；即使对于不能用"与""或"运算解决的，上述处理方法在梯形图设计时仍适用。对含有多重输出线圈的驱动设计时，一般按能并行输出而不采用纵接输出，能采用纵接输出而不采用多重输出的方式，优选顺序中多重输出方式为优选级别最低的方案。

2. 双线圈输出的问题

如图 1-4-6 所示梯形图，对于输出继电器 Y000 在顺控程序中出现了两次(或以上)的现象称作双重输出(或双线圈现象)。即便此种接法不违反逻辑运算及梯形图画法要求，但由于 PLC 程序串行执行方式决定了双重输出的最终输出状态优先的原则，通常双线圈输出的结果仍然会出乎设计者的预料，结合图 1-4-6 所示的梯形图，当 X000 接通、X001 及 X002 断开的状态下，PLC 执行过程：执行梯形图回路 1，输出继电器 Y000 对应的映像寄存器在位置①处为 ON 状态；当执行回路 2 时，Y001 因 Y000 接通处于 ON 状态并存入 Y001 映像寄存器；当执行到回路 3 时，则因 X002 断开导致位置②处的 Y000 被重新置为 OFF 状态。在 PLC 输出刷新阶段，输出继电器 Y000 为 OFF，Y001 为 ON 状态(注意：Y001 并未受位置②处 Y000 的影响，原因是由同一扫描周期 PLC 自上而下的串行工作方式决定的)。在第二个扫描周期，若 X000 无输入，则在输出刷新阶段会出现 Y000、Y001 均为 OFF 的状态，此时初学者容易被回路 1 中 Y000"自锁"所混淆。

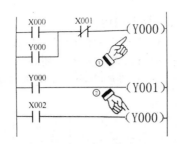

图 1-4-6　双线圈输出问题

　　图 1-4-7(a)所示为某控制任务的梯形图，其中 Y001 呈现双线圈输出形式，为了避免双线圈输出带来难以预料的后果，一般顺控程序中可采用以下几种方式加以解决：①如图 1-4-7(a)所示梯形图中前面的 Y001 输出梯形图回路(虚线框内程序)，由于对输出不能产生影响，其控制作用可忽略，采取删除处理。此处理方式的弊端在于可能会出现部分要实现的控制功能丢失；②按图 1-4-7(b)所示的梯形图形式将两部分逻辑合并，将两个回路控制条件合并相或对输出进行控制，此方式建立在扫描周期短可忽略程序执行先后顺序并对过程产生影响的前提下；③按图 1-4-7(c)所示梯形图的处理方式，利用 PLC 的辅助继电器作为过程控制的中间量，最终合并进行输出控制，解决了双线圈输出问题同时兼顾了 PLC 程序执行的过程。综合比较：方式①不太严谨，方式②体现了控制逻辑的简洁性，方式③体现了控制逻辑的科学性。

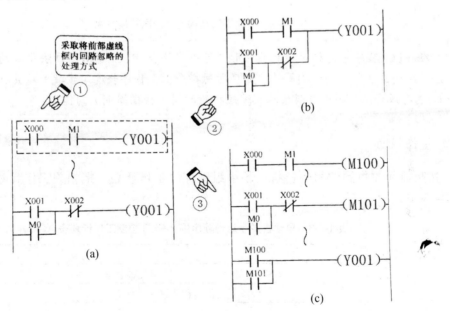

图 1-4-7　双线图输出问题的处理方法

　　除上述方法外，还可利用在顺控程序中实施程序流向控制方法如跳转指令，或者利用在步进状态程序控制中通过不同状态步实施对同一线圈的控制。

　　3. 桥式逻辑结构的处理

　　在 PLC 梯形图中，除主控指令在母线上出现垂直串接的触点形式外，其他均不允许在梯形图中出现触点的垂直接法。但在继电接触控制线路转换时或逻辑关系运算时会出现如图 1-4-8 所示的结构形式，这种结构形式称为桥式逻辑结构，梯形图中不允许出现桥式

结构。对于桥式逻辑结构，在绘制梯形图时可结合"能流"概念进行相应的逻辑转换。因为"能流"只能从左向右流动，故只能产生如图 1-4-9(a)所示梯形图中 4 条路径的"能流"，对 4 条"能流"进行综合分析，其等效于如图 1-4-9(b)所示的梯形图形式，解决了桥式逻辑结构问题。显然桥式结构中垂直触点的逻辑关系可参照此办法解决。

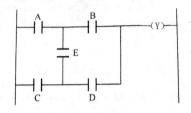

图 1-4-8　桥式逻辑结构

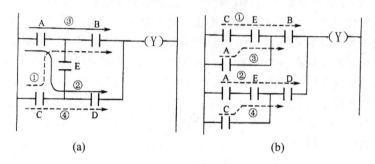

(a)　　　　　　　　　　(b)

图 1-4-9　桥式逻辑结构的梯形图转换方式

在 PLC 程序中，相同功能的梯形图可采用符合 PLC 梯形图画法要求的不同描述方法（结构画法），而结构简洁、程序所用指令少、程序长度（步数）短具有减少占用 PLC 的有效资源、减少逻辑故障及缩短执行时间（扫描周期）的作用。

🕐 工作计划

按照前面收集到的相关资料，各小组制订出工作计划，把相关工作计划内容填入表 1-4-3 中。

表 1-4-3　电动机逆序启动顺序停止 PLC 控制工作计划表

典型工作任务				
工作小组		组长签名		
典型工作过程描述				
任务分工				
序号	工作步骤	注意事项	负责人	备注

续表

电动机逆序启动顺序停止 PLC 控制工作原理分析				
仪表、工具、耗材和器材清单				
序号	名称	型号与规格	单位	数量
计划评价				
组长签字			教师签字	
计划评价				

注：此表仅为模板，可扫描教学表单二维码下载教学表单，根据具体情况进行修改、打印。

❓ 引导问题 1：结合中级维修电工控制要求，画出传送带电动机 **PLC** 控制线路接线图。

❓ 引导问题 2：结合中级维修电工控制要求、引导问题 **1** 的接线图和任务书技术要求及功能，画出梯形图。

🤝 完成决策

各组派代表阐述设计方案并对其他的设计方案提出自己不同的看法；教师结合大家完成的情况进行点评，选出最佳方案，完成表 1-4-4 中的内容。

表 1-4-4　电动机逆序启动顺序停止 PLC 控制任务决策表

典型工作任务					
计划对比					
序号	计划的可行性	计划的经济性	计划的安全性	计划的实施难度	综合评价
1					
2					
3					

续表

决策分析与评价	班级		组长签字		第___组
	教师签字		日期		

注：此表仅为模板，可扫描教学表单二维码下载教学表单，根据具体情况进行修改、打印。

🔄 工作实施

综合决策方案，按照工作任务及工作计划写出工作思路和工作步骤并填入表 1-4-5 中。

表 1-4-5　电动机逆序启动顺序停止 PLC 控制任务实施表

典型工作任务		
任务实施		
序号	输入输出硬件调试与程序调试步骤	注意事项
实施说明		

实施评价	班级		组长签字		第___组
	教师签字		日期		

注：此表仅为模板，可扫描教学表单二维码下载教学表单，根据具体情况进行修改、打印。

👍 评价反馈

工作实施完成后，各组代表展示本任务的作品，介绍本任务的完成过程。学生通过扫描线上评价表单二维码完成学生自评表和学生互评表，教师和企业人员扫描线上评价表单二维码分别完成教师评价表、企业专家评价表。

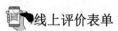线上评价表单

教学表单

📎 学习情境的相关知识点

(一)两台电动机顺序启动同时停止控制

两台电动机顺序启动同时停止控制电路是指当第一台电动机启动后，第二台电动机才能启动，而停止的时候同时停止，其电气原理图如图 1-4-10 所示。

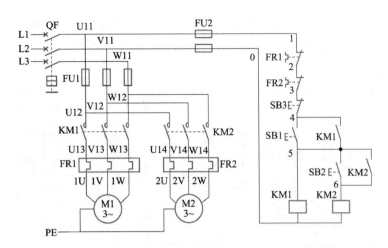

图 1-4-10　两台电动机顺序启动同时停止电气原理图

电动机 M2 的控制电路先与接触器 KM1 的线圈并接后再与 KM1 的自锁触点串接，保证了 M1 启动后，M2 才能启动的顺序控制要求，但两台电动机必须同时停止。

(二)两地或多地控制

两地或多地控制电动机是指在不同的地点对同一台电动机进行控制。这种技术通常应用于工业自动化领域，可以提高生产效率、降低人工成本、提高生产安全性，其电气原理图如图 1-4-11 所示。

该线路中，SB11、SB12 为安装在 A 地的启动和停止按钮；SB21、SB22 为安装在 B 地的启动和停止按钮，可以实现 A、B 两地控制电动机 M。电路的特点是：两地的启动按钮 SB11、SB21 要并接在一起；停止按钮 SB12、SB22 要串接在一起。

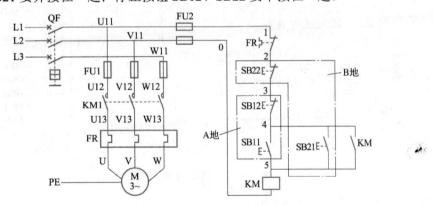

图 1-4-11　两地或多地控制电气原理图

(三)电路块的串并联指令

1. 串联电路块相或指令(ORB)

ORB 指令用于两个或两个以上的触点串联电路之间的并联。

ORB 指令的使用说明如下。

(1) 几个串联电路块并联连接时，每个串联电路块的开始处应该用 LD、LDI、LDP 或

LDF 指令，如图 1-4-12(a)所示的梯形图中有 3 个串联电路块：X000、X001，X002、X003，X004、X005，每块开始的三个触点 X000、X002、X004 都使用了 LD 指令。

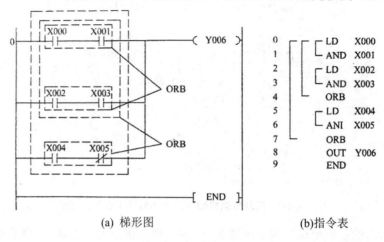

(a) 梯形图   (b)指令表

图 1-4-12   串联电路块并联连接

(2) 有多个电路块并联回路时，如对每个电路块使用 ORB 指令，则并联电路块数量没有限制，如图 1-4-13(a)所示的梯形图。

(3) ORB 指令也可以连续使用，如图 1-4-13(b)所示的指令表，但这种程序写法不推荐使用，LD 或 LDI 指令的使用次数不得超过 8 次。

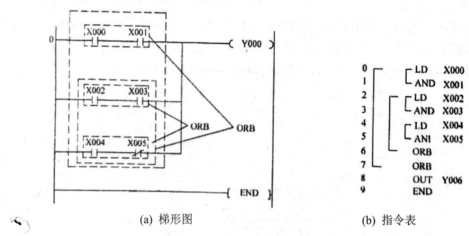

(a) 梯形图   (b) 指令表

图 1-4-13   ORB 指令连续使用

2. 并联电路块相与指令(ANB)

ANB 指令用于两个或两个以上的触点并联电路之间的串联，如图 1-4-14 所示的梯形图中，X000、X001 是并联电路块，X002～X006 也是并联电路块，再将这两个并联电路块串联，所以在指令表中使用了 ANB 指令。

ANB 指令的使用说明如下。

(1) 并联电路块串联连接时，并联电路块的开始应该用 LD、LDI、LDP 或 LDF 指令，如图 1-4-14 所示指令表。

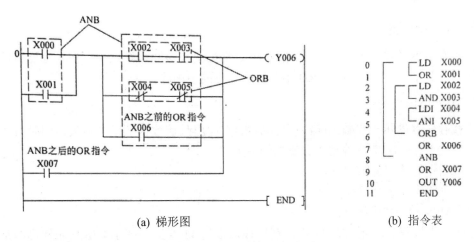

(a) 梯形图　　　　　　　　　　(b) 指令表

图 1-4-14　并联电路块串联连接

(2) 多个并联回路块按顺序与前面的回路串联时，ANB 指令的使用次数不受限制。也可连续使用 ANB，但与 ORB 一样，使用次数不得超过 8 次。

(四)栈存储器指令

在 FX 系列 PLC 中有 11 个存储单元，如图 1-4-15(a)所示，它们采用先进后出的数据存取方式，专门用来存储程序运算的中间结果，称为栈存储器。

栈存储器类指令用在某一个电路块与其他不同的电路块串联以便实现驱动不同的线圈的场合，即用于多重输出电路。如图 1-4-15(b)所示梯形图中的 X000，与 X001 串联驱动 Y000，与 X002 串联驱动 Y004，与 X003、X004 并联电路块的串联驱动 Y002，这里 X000 后出现了分支，要使用栈存储器指令。

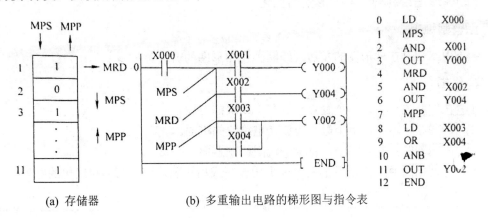

(a) 存储器　　　　(b) 多重输出电路的梯形图与指令表

图 1-4-15　栈存储器指令

1. MPS 进栈指令

将运算结果送入栈存储器的第一段，同时将先前送入的数据依次移到栈的下一段。MPS 指令用于分支的开始处。

2. MRD 读栈指令

将栈存储器的第一段数据(最后进栈的数据)读出且该数据继续保存在栈存储器的第一段,栈内的数据不发生移动。MRD 指令用于分支的中间段。

3. MPP 出栈指令

将栈存储器的第一段数据(最后进栈的数据)读出且该数据从栈中消失,同时将栈中其他数据依次上移。MPP 指令用于分支的结束处。

堆栈指令的使用说明如下。

(1) 堆栈指令没有目标元件。

(2) MPS 和 MPP 必须配对使用。

(3) 由于栈存储单元只有 11 个,所以栈最多为 11 层。如图 1-4-16 所示梯形图是二层堆栈的例子。

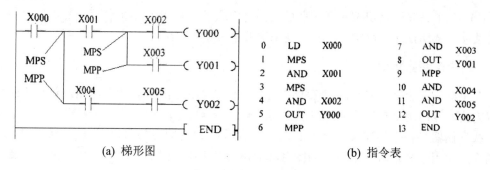

(a) 梯形图　　　　　　　　　　(b) 指令表

图 1-4-16　二层堆栈

(五)梯形图绘制规则与梯形图的优化

1. 绘制规则

触点电路块画在梯形图的左边,线圈画在梯形图的右边。

2. 优化

(1) 在串联电路中,单个触点应放在电路块的右边。

(2) 在并联电路中,单个触点应放在电路块的下面。

(3) 在线圈的并联电路中,将单个线圈放在上面。

读者可把如图 1-4-17 所示的两个梯形图改写成指令表,比较梯形图优化的好处。

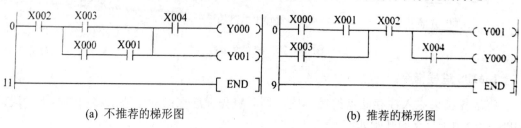

(a) 不推荐的梯形图　　　　　　　　　　(b) 推荐的梯形图

图 1-4-17　梯形图优化的比较

考证热点

一、选择题

1. 下列元件中，开关电器有( )。

    A. 组合开关   B. 接触器   C. 行程开关   D. 时间继电器

2. 熔断器的作用是( )。

    A. 控制行程   B. 控制速度   C. 短路或过载保护   D. 弱磁保护

3. 低压断路器的型号为 DZ10-100，其额定电流是( )。

    A. 10 A   B. 100 A   C. 10～100 A   D. 大于 100 A

4. 接触器的型号为 CJ10-160，其额定电流是( )。

    A. 10 A   B. 160 A   C. 10～160 A   D. 大于 160 A

5. 交流接触器的作用是( )。

    A. 频繁通断主回路   B. 频繁通断控制回路

    C. 保护主回路   D. 保护控制回路

6. 交流接触器在不同的额定电压下，额定电流( )。

    A. 相同   B. 不相同   C. 与电压无关   D. 与电压成正比

7. 下面( )不是接触器的组成部分。

    A. 电磁机构   B. 触点系统   C. 灭弧装置   D. 脱扣机构

8. 时间继电器的作用是( )。

    A. 短路保护   B. 过电流保护

    C. 延时通断主回路   D. 延时通断控制回路

9. 通电延时时间继电器的线圈图形符号为( )。

    A.   B.   C.   D.

10. 延时断开常闭触点的图形符号是( )。

    A.   B.   C.   D.

11. 断电延时时间继电器，它的延时触点动作情况是( )。

    A. 线圈通电时触点延时动作，断电时触点瞬时动作

    B. 线圈通电时触点瞬时动作，断电时触点延时动作

    C. 线圈通电时触点不动作，断电时触点瞬时动作

    D. 线圈通电时触点不动作，断电时触点延时动作

12. 热继电器中双金属片的弯曲主要是由于双金属片( )。

    A. 温度效应不同   B. 强度不同

    C. 膨胀系数不同   D. 所受压力不同

13. 三相笼形电动机采用星-三角降压启动，适用于正常工作时( )接法的电动机。

    A. 三角形   B. 星型   C. 两个都行   D. 两个都不行

14. 星型-三角形减压电路中，星型接法启动电压为三角形接法电压的(   )。

　　A. 1/√3　　　　　B. 1/√2　　　　　C. 1/3　　　　　D. 1/2

15. 星型-三角形减压电路中，星型接法启动电流为三角形接法电流的(   )。

　　A. 1/√3　　　　　B. 1/√2　　　　　C. 1/3　　　　　D. 1/2

16. 三相异步电动机要想实现正反转，需要(   )。

　　A. 调整三线中的两线　　　　　　　　B. 三线都调整

　　C. 接成星形　　　　　　　　　　　　D. 接成角形

17. 低压断路器又称(   )。

　　A. 自动空气开关　　B. 限位开关　　C. 万能转换开关　　D. 接近开关

18. 熔断器是(   )。

　　A. 保护电器　　　　B. 开关电器　　C. 继电器的一种　　D. 主令电器

19. 主电路用粗线条绘制在原理图的(   )。

　　A. 左侧　　　　　　B. 右侧　　　　C. 下方　　　　　　D. 中间

20. 辅助电路用细线条绘制在原理图的(   )。

　　A. 左侧　　　　　　B. 右侧　　　　C. 上方　　　　　　D. 中间

21. 电源引入线采用(   )。

　　A. L1、L2、L3 标号　　　　　　　　B. U、V、W 标号

　　C. a、b、c 标号　　　　　　　　　　D. U1、V2、W3 标号

22. PLC 是在(   )控制系统基础上发展起来的。

　　A. 继电控制系统　　B. 单片机　　　C. 工业计算机　　　D. 机器人

23. 工业中控制电压一般是(   )。

　　A. 24 V　　　　　　B. 36 V　　　　C. 110 V　　　　　D. 220 V

24. 工业中控制电压一般使用(   )。

　　A. 交流　　　　　　B. 直流　　　　C. 混合式　　　　　D. 交变电压

25. 定时器得电后，它的常开触点如何动作(   )。

　　A. 常开触点闭合　　　　　　　　　　B. 常开触点断开

　　C. 在程序中设定　　　　　　　　　　D. 不动作

26. FX 系列 PLC 中的 SET，表示(   )指令。

　　A. 下降沿　　　　　B. 上升沿　　　C. 输入有效　　　　D. 置位

27. FX 系列 PLC 中的 RST，表示(   )指令。

　　A. 下降沿　　　　　B. 上升沿　　　C. 复位　　　　　　D. 输出有效

28. FX 系列 PLC 中的 OUT，表示(   )指令。

　　A. 下降沿　　　　　B. 输出　　　　C. 输入有效　　　　D. 输出有效

29. 定时器 T0 ，它的参数是 T0 K20，定时的时间是(   )。

　　A. 20 s　　　　　　　　　　　　　　B. 2 s

　　C. 200 s　　　　　　　　　　　　　　D. 根据选择的定时器类型而定

30. M8002 有(   )功能。

　　A. 置位　　　　　　B. 复位　　　　C. 常数　　　　　　D. 初始化

31. PLC 的工作方式是(　　)。
　　A. 等待　　　　　B. 中断　　　　　C. 扫描　　　　　D. 循环扫描
32. PLC 内部有许多辅助继电器，其作用相当于继电接触控制系统中的(　　)。
　　A. 接触器　　　B. 中间继电器　　C. 时间继电器　　D. 热继电器
33. 国内外 PLC 各生产厂家都把(　　)作为第一用户编程语言。
　　A. 梯形图　　　B. 指令表　　　　C. 逻辑功能图　　D. C 语言
34. 在 PLC 的梯形图中，线圈(　　)。
　　A. 必须放在最左边　　　　　　B. 必须放在最右边
　　C. 可放在任意位置　　　　　　D. 可放在所需处
35. FX 系列 PLC 中的主控指令应采用(　　)。
　　A. CJ　　　　　B. MC NO　　　　C. GO TO　　　　D. SUB
36. FX 系列可编程序控制器输入常开触点用(　　)指令。
　　A. LD　　　　　B. LDI　　　　　C. OR　　　　　D. ORI
37. FX 系列可编程序控制器常开触点的串联用(　　)指令。
　　A. AND　　　　B. ANI　　　　　C. ANB　　　　D. ORB
38. FX 系列可编程序控制器中的 OR 指令用于(　　)。
　　A. 常闭触点的串联　　　　　　B. 常闭触点的并联
　　C. 常开触点的串联　　　　　　D. 常开触点的并联
39. (　　)指令为结束指令。
　　A. NOP　　　　B. END　　　　　C. S　　　　　D. R

二、判断题

1. 熔断器在电路中既可作短路保护，又可作过载保护。(　　)
2. 热继电器在电路中既可作短路保护，又可作过载保护。(　　)
3. 低压断路器是开关电器，不具备过载、短路、失压保护。(　　)
4. 熔断器的额定电压应不小于线路的工作电压。(　　)
5. 刀开关可以频繁接通和断开电路。(　　)
6. 三相笼形电机都可以采用星-三角降压启动。(　　)
7. 绘制梯形图时，每一个逻辑行必须从左母线开始，终止于右母线。(　　)
8. 左母线只能接继电器的触头，继电器线圈不能直接接左母线。(　　)
9. 同一编号的线圈在程序中使用两次或两次以上，称为双线圈输出。一般情况下是不允许的，容易引起误操作。(　　)
10. 梯形图中所有触点都应按从上到下，从左到右的顺序排列，并且触点只允许画在水平方向。(　　)
11. SET、RST 指令操作均在控制信号下降沿有效，且两操作之间允许插入其他程序。(　　)
12. PLC 的输出继电器的线圈不能由程序驱动，只能由外部信号驱动。(　　)
13. PLC 的输出线圈可以放在梯形图逻辑行的中间任意位置。(　　)
14. 安装刀开关时，刀开关在合闸状态下手柄应该向上，不能倒装和平装，以防止闸刀松动落下时误合闸。(　　)

三、简答题

1. 电动机控制系统常用的保护环节有哪些？各用什么低压电器实现？
2. 什么是自锁控制？为什么说接触器自锁控制线路具有欠压和失压保护？
3. PLC 由哪几部分组成？
4. M8002 的功能是什么？通常用在何处？
5. PLC 的输入输出端子接线时应注意什么问题？

学习场景二　生产设备警示指示灯PLC 控制

场景简介

设备警示指示灯是一种可见信号装置，用于设备的警示和状态指示，如图 2 所示。设备警示指示灯在生产设备中发挥着重要的作用，可以帮助操作人员快速识别和解决设备问题，确保设备的正常运行和操作安全。本场景通过三个不同的情境讲解如何通过 PLC 控制设备警示指示灯。

图 2　设备警示指示灯

学习情境一　警示灯的使用及其 PLC 控制

💬 **学习情境描述**

在实际生产中，为了防止意外事故发生，需要在机电设备上设计各类标志，告诉人们设备处于某种状态，以引起人们的注意，保证设备和人身安全。警示灯就是一种显示设备工作状态的标志，如灯泡常亮/闪亮型多层警示灯，如图 2-1-1 所示。

某企业的生产设备上已经安装了警示灯，现需要利用 PLC 控制完善该警示灯的功能。

⚙ **学习目标**

通过分析警示灯的使用的情境任务，用不同的方式方法获取信息，然后制订学习计划、完成决策、实施计划，最后进行多方评价，就可以完成如表 2-1-1 所示的学习目标。

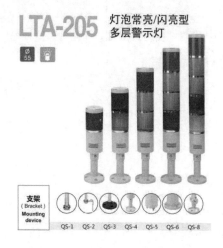

图 2-1-1　灯泡常亮/闪亮型多层警示灯

表 2-1-1　警示灯的使用及其 PLC 控制学习目标

知识目标	技能目标	素养目标
1. 了解警示灯的种类、工作原理、结构特点及其用途。 2. 熟悉亚龙 YL-235A 系统警示灯的接线方法。 3. 熟悉亚龙 YL-235A 系统警示灯的 PLC 控制技术及其调试方法	1. 能说出几种常用的警示灯的用途。 2. 能绘制警示灯与 PLC 连接的 PLC 硬件接线图。 3. 能根据 PLC 硬件接线图完成警示灯与 PLC 的接线。 4. 能根据任务要求编写控制警示灯的 PLC 程序	1. 树立安全意识，养成安全文明的生产习惯。 2. 培养团结协作的职业素养，树立勤俭节约、物尽其用的意识。 3. 培养分析及解决问题的能力，鼓励读者结合实际生产需要，对客观问题进行分析，并提出解决方案

工作任务书及分析

　　设计一个设备指示灯控制系统，控制要求：系统通电运行后，黄色指示灯亮，表示系统处于等待状态；按下启动按钮，绿色警示灯亮，表示系统处于正常工作状态；按下停止按钮，绿色警示灯熄灭，表示系统处于等待启动工作状态；按下急停按钮，红色警示灯亮，表示出现紧急状况，系统处于急停危险状态，直到危险解除，复位急停按钮，红色警示灯熄灭，在红色警示灯亮起时，不能启动系统工作。利用亚龙 YL-235A 实训装置模拟警示灯 PLC 控制电气原理图如图 2-1-2 所示。

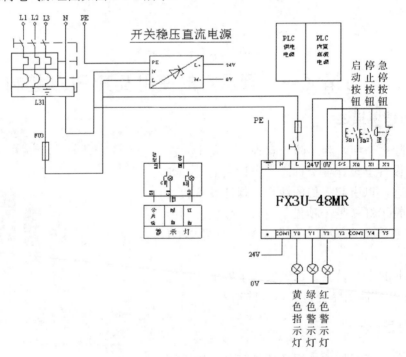

图 2-1-2　亚龙 YL-235A 实训装置模拟警示灯 PLC 控制电气原理图

警示灯的使用及其 PLC 控制设计及调试过程的微课如下。

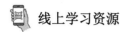

线上学习资源

任务分组

将学生按 4～6 人一组进行分组，明确每组的工作任务，并填写分组任务表，如表 2-1-2 所示。每组任务可以相同也可以有差异性，视任务量大小而定。

表 2-1-2　警示灯的使用及其 PLC 控制分组任务表

班级		组号		指导老师	
组长		学号			
组员	姓名	学号		姓名	学号
任务分工：					

注：此表仅为模板，可扫描教学表单二维码下载教学表单，根据具体情况进行修改、打印。

获取信息

认真阅读任务要求，根据本学习任务所需要掌握的内容，收集相关资料。

引导问题 1：常用的警示灯有哪些？识别其图形符号及文字符号。

(1) 从网络上查找常用的警示灯，画出警示灯的图形符号。

_____

_____

(2) 识别常用的警示灯型号，写出其含义。

_____

_____

引导问题 2：警示灯的用途有哪些？其工作特点有何不同？

(1) 常用警示灯的用途。

_____

_____

(2) 结合实际应用要求，选择正确的警示灯，并写出其型号。

_____

_____

学习常用警示灯的微课如下。

 线上学习资源

 线下学习资料

(一)警示灯的介绍

警示灯，顾名思义，起着警示提醒的作用，是一种显示设备工作状态的标志，一般用在多种场合，车载警示灯主要用于校车、叉车等警示提醒，机械设备警示灯主要在电气控制电路中起控制信号联锁等作用，还可以警示场合做灯光的闪烁提醒。虽然安全警示灯用于多种场合，多种工具上，但是它的核心功能就是灯光警示，也会有蜂鸣器和真人语音发声的特色功能。

一般情况下，警示灯可以按不同用途提供不同长度的产品，和不同灯罩组合的构造。根据不同的需要，灯罩可以组合成多种复合颜色。

警示灯按安装外形特征可分为组合长排警示灯、组合塔形警示灯、小型各类警示灯等。

1. 单体式警示灯

(1) 50 mm: Φ50 mm 单体式单光警示灯；Φ50 mm 高单体式单光警示灯；Φ22 mm 安装孔单光警示灯；Φ22 mm 安装孔声光一体化警示灯。

(2) 70 mm: Φ70 mm 单体式单光警示灯；Φ70 mm 高单体式单光警示灯。

(3) 90 mm: Φ90 mm 单体式单光警示灯；Φ90 mm 单体式声光一体警示灯；Φ90 mm 柱形单体式单光警示灯；Φ90 mm 柱形单体式声光一体警示灯。

(4) 150 mm: Φ150 mm 单体式单光警示灯；Φ150 mm 单体式声光一体警示灯。

2. 组合式警示灯

(1) 50 mm: Φ50 mm 组合式警示灯光组件；Φ50 mm 组合式警示灯声组件。

(2) 70 mm: Φ70 mm 组合式警示灯光组件；Φ70 mm 组合式警示灯声组件。

(3) 90 mm: Φ90 mm 组合式警示灯光组件；Φ90 mm 组合式警示灯声组件。

信号指示灯又称为报警灯、警示灯、信号灯。

3. 信号灯及其分类

(1) 常亮多层指示灯(DC)。

(2) 频闪多层指示灯(DS)。

(3) 反射旋转多层指示灯(DF)。

(4) 普通频闪指示灯(DPF)。

(5)　普通反射旋转指示灯(DPS)。

(6)　组合式指示灯(DZ)。

(二)信号指示灯的介绍

信号指示灯适用于各种机械常见故障的信号提示、材料供应及中断、操作指令等各种信号的远程监视。此外，还可以根据光源形式的不同分为：灯泡转灯、LED 闪光、氙气灯管频闪。

其中 LED 闪光形式是灯泡转灯形式的升级版，使用寿命更长。

(三)警示灯参数配置

(1)　产品颜色：红、橙、蓝、绿。

(2)　工作模式：常亮、爆闪、频闪、旋转。

(3)　音量大小：105DB/支持定制语音。

(4)　材质/防护：PC 材质/IP65 防护等级。

(5)　供电方式：12V /24V/高电压可定制。

四、警示灯安装方法

(1)　警示灯是分正负极的，正极接 58 端口，负极接螺丝，否则就不会闪烁。

(2)　打开 T73-A 时，一定要小心操作。正常的接线方法：接线时，一端接螺丝，一端破线接 58 端口，再次破线交差接线，才正常闪烁。

(3)　长排警示灯的正确接法：扩音器的红线连接到驱动器输入端正极，黑线连接到驱动器输入端负极。警示灯正常闪烁方式：黄线和白线应该连接到闪光灯的输入端，然后蓝线连接到扩音器扬声器，连接公母线连接器以控制闪光灯模块。

(4)　小型警示灯一般接法是红线对应电池正极，黑线对应电池负极，卤素旋转警示灯除外。

❓ **引导问题 3**：亚龙 YL-235A 的警示灯型号及用途？

(1)　画出亚龙 YL-235A 警示灯的电气符号。

_____

_____

_____

(2)　阐述亚龙 YL-235A 警示灯的用途。

_____

_____

_____

❓ **引导问题 4**：亚龙 YL-235A 警示灯如何接线？并标出警示灯引出线的用途。

_____

_____

_____

📖 线下学习资料

亚龙 YL-235A 警示灯介绍

YL-235A 实训装置上的警示灯可以显示电源正常、系统通电、设备正常运行、设备运行中某个元件出现故障和出现什么故障等工作状态。但警示灯发光显示的状态需要人们事先做好约定。

YL-235A 实训装置的警示灯为 LTA-205 型红绿双色闪亮灯,工作电压为 DC 24 V,功率为 2 W。在不同训练项目的工作任务中,可以约定不同的显示内容,这是在学习中需要注意的问题。

LTA-205 型红绿双色警示灯共有 5 根引出线,其中黑色线与较粗的红色线为电源线,分别与电源的负极和正极连接(黑色线接 DC 24 V 直流电源负极,较粗的红色线接 DC 24V 直流电源正极),较细的红色线为红色警示灯控制线,绿色线为绿色警示灯控制线,棕色线为两灯的公共线,LTA-205 型红绿双色闪亮警示灯工作电路如图 2-1-3 所示。

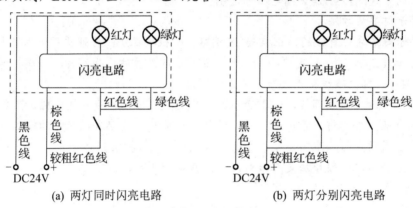

(a) 两灯同时闪亮电路　　　　(b) 两灯分别闪亮电路

图 2-1-3　LTA-205 型红绿双色闪亮警示灯工作电路图

⏱ 工作计划

按照前面收集到的相关资料,各小组制订出工作计划,并把相关工作计划内容填入表 2-1-3 中。

表 2-1-3　警示灯的使用及其 PLC 控制工作计划表

典型工作任务				
工作小组			组长签名	
典型工作过程描述				
任务分工				
序号	工作步骤	注意事项	负责人	备注

续表

警示灯的使用及其 PLC 控制工作原理分析				
仪表、工具、耗材和器材清单				
序号	名称	型号与规格	单位	数量
计划评价				
组长签字			教师签字	
计划评价				

注：此表仅为模板，可扫描教学表单二维码下载教学表单，根据具体情况进行修改、打印。

引导问题 1：结合中级维修电工控制要求及现场情况，画出警示灯 PLC 控制线路接线图。

引导问题 2：结合中级维修电工控制要求、引导问题 1 的接线图和任务书技术要求及功能，画出梯形图。

完成决策

各组派代表阐述设计方案并对其他的设计方案提出自己不同的看法；教师结合大家完成的情况进行点评，选出最佳方案，完成表 2-1-4 中的内容。

表 2-1-4 警示灯的使用及其 PLC 控制任务决策表

典型工作任务					
计划对比					
序号	计划的可行性	计划的经济性	计划的安全性	计划的实施难度	综合评价
1					
2					
3					

续表

决策分析与评价	班级		组长签字		第____组
	教师签字		日期		

注：此表仅为模板，可扫描教学表单二维码下载教学表单，根据具体情况进行修改、打印。

工作实施

综合决策方案，按照工作任务及工作计划写出工作思路和工作步骤并填入表 2-1-5 中。

表 2-1-5　警示灯的使用及其 PLC 控制任务实施表

典型工作任务		
任务实施		
序号	输入输出硬件调试与程序调试步骤	注意事项
实施说明		
实施评价	班级		组长签字		第____组
	教师签字		日期		

注：此表仅为模板，可扫描教学表单二维码下载教学表单，根据具体情况进行修改、打印。

评价反馈

工作实施完成后，各组代表展示本任务的作品，介绍本任务的完成过程。学生通过扫描线上评价表单二维码完成学生自评表和学生互评表，教师和企业人员扫描线上评价表单二维码分别完成教师评价表、企业专家评价表。

 线上评价表单

 教学表单

学习情境二　彩灯 PLC 控制

📝 学习情境描述

彩灯的用途非常广泛，如灯会灯展、景观布置、活动装饰、节日庆贺等都会用到彩灯，如图 2-2-1 所示。

某公司安装了六盏彩灯，现需要利用 PLC 控制完成该彩灯的控制要求。

图 2-2-1　节日彩灯

⚙ 学习目标

通过分析彩灯 PLC 控制的情境任务，用不同的方式方法获取信息，然后制订学习计划、完成决策、实施计划，最后进行多方评价，就可以完成如表 2-2-1 所示的学习目标。

表 2-2-1　彩灯 PLC 控制学习目标

知识目标	技能目标	素养目标
1. 熟悉计数器的分类、指令功能、指令格式及其用途。 2. 加强对定时器编程软元件应用的理解。 3. 熟悉亚龙 YL-235A 系统的按钮模块的指示灯及其按钮。 4. 熟悉亚龙 YL-235A 系统的按钮模块的指示灯、按钮、电源的接线	1. 能绘制彩灯控制的 PLC 硬件接线图。 2. 能根据 PLC 硬件接线图完成相应的接线。 3. 能根据任务要求，编写控制彩灯的 PLC 程序	1. 树立安全意识，养成安全文明的生产习惯。 2. 培养团结协作的职业素养，树立勤俭节约、物尽其用的意识。 3. 培养分析及解决问题的能力，鼓励读者结合实际生产需要，对客观问题进行分析，并提出解决方案

📋 工作任务书及分析

本次任务是利用 PLC 控制一个彩灯系统，按下按钮 SB1 系统启动，灯 HL1 亮 1 s 后自动熄灭，接着灯 HL2 亮 1 s 后熄灭……HL6 亮 1 s 后熄灭，六盏灯依次点亮，当第六盏灯熄灭后，又进行下一次循环，循环 5 次后，六盏灯全亮 6 s 后，接着又从头来。按下 SB2 后系统停止，六盏灯全部熄灭。按照上述要求，画出 PLC 控制线路图，完成电路的安装及程序编写。彩灯控制电气原理图如图 2-2-2 所示。

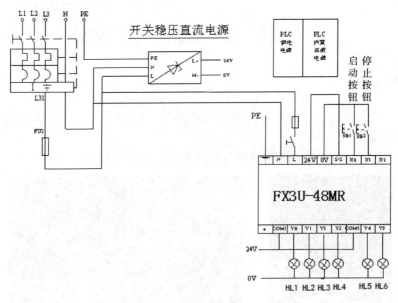

图 2-2-2　彩灯 PLC 控制电气原理图

彩灯 PLC 控制设计及调试过程的微课如下。

 线上学习资源

任务分组

　　将学生按 4~6 人一组进行分组，明确每组的工作任务，并填写分组任务表，如表 2-2-2 所示。每组任务可以相同也可以有差异性，视任务量大小而定。

表 2-2-2　彩灯 PLC 控制分组任务表

班级		组号		指导老师	
组长		学号			
组员	姓名	学号	姓名	学号	
任务分工：					

注：此表仅为模板，可扫描教学表单二维码下载教学表单，根据具体情况进行修改、打印。

获取信息

认真阅读任务要求，根据本学习任务所需要掌握的内容，收集相关资料。

引导问题 1：亚龙 YL-235A 的指示灯、按钮和开关模块介绍。

(1)　画出彩灯的电气符号。

_____

_____

_____

(2)　写出亚龙 YL-235A 彩灯的接线方法。

_____

_____

_____

学习亚龙 YL-235A 装置中的按钮模块的微课如下。

线上学习资源

线下学习资料

指示灯的介绍

指示灯通常用于反映电路的工作状态(有电或无电)、电气设备的工作状态(运行、停运或试验)和位置状态(闭合或断开)等。

指示灯的文字符号：HL

指示灯的图形符号：$\otimes$

指示灯是用灯光监视电路和电气设备工作或位置状态的器件。白炽灯为光源的指示灯，它由灯头、灯泡、灯罩和连接导线等组成，也有使用发光二极管做指示灯的，一般安装在高、低压配电装置的屏、盘、台、柜的面板上，某些低压电气设备、仪器的盘面上或其他比较醒目的位置上。反映设备工作状态的指示灯，通常以红灯亮表示处于运行工作状态，绿灯亮表示处于停运状态，乳白色灯亮表示处于试验状态；反映设备位置状态的指示灯，通常以灯亮表示设备带电，灯灭表示设备失电；反映电路工作状态的指示灯，通常红灯亮表示带电，绿灯亮表示无电。为避免误判断，运行中要经常或定期检查灯泡或发光二极管的完好情况。

指示灯的额定工作电压有 220 V、110 V、48 V、36 V、24 V、12 V、6 V、3 V 等。受

控制电路通过电流大小的限制，同时也为了延长灯泡的使用寿命，常在灯泡前加一个限流电阻或用两只灯泡串联使用，以降低工作电压。

亚龙 YL-235A 实训装置按钮模块的介绍如图 2-2-3 所示。

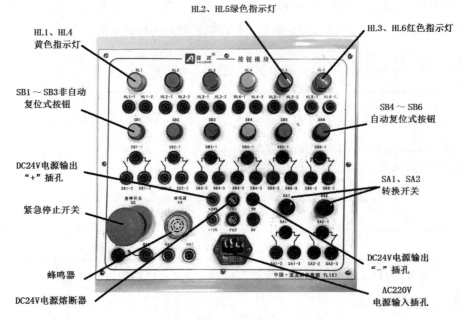

图 2-2-3 亚龙 YL-235A 装置中按钮模块的介绍

 引导问题 2：计数器的分类及用法都有哪些？

(1) 计数器的符号表示方法是什么？计数器的分类有哪些？

_____

_____

_____

(2) 32 位加/减计数器如何实现加减法的计数？

_____

_____

_____

学习 PLC 编程软元件计数器 C 的微课如下。

线上学习资源

🔲 线下学习资料

编程软元件：计数器 C

和定时器、输出继电器的驱动一样，三菱 PLC 内部计数器的驱动也是通过输出指令 OUT 实现的，指令格式及步数可参阅 OUT 指令说明。

计数器用于对软元件触点的动作次数或输入脉冲的个数进行计数。FX3U 计数器分为内部计数器和外部计数器。内部计数器是对机内 X、Y、M、S、T 等软元件动作进行计数的低速继电器，内部计数器的计数方式与机器的扫描周期有关，故不能对高频率输入信号进行计数。若需实现高于机器扫描频率信号的计数需要用到外部计数器(即高速计数器)，高速计数器由于采用了与机器扫描周期无关的中断工作方式，其计数对象是只能通过 PLC 固定输入端(X000～X005)输入的高速脉冲，故称外部计数器。

FX3U 系列 PLC 中的内部计数器分为以下几类。

(1) 16 位加法计数器：16 位加法计数器编号范围为 C0～C199，其中 C0～C99(100 点)为通用加法计数器；C100～C199(100 点)为 16 位掉电保持计数器。16 位加法计数器的设定值范围为 1～32 767。

如图 2-2-4 所示梯形图中，若 X000 接通和断开一次，则计数器 C0 数值增加 1，可见计数器的驱动控制本身具有断续的工作状态特征，能完成计数功能的计数寄存器均具有记忆功能，因此所有计数器只能通过使用复位指令复位。但非掉电计数器在掉电时所计的数值在供电恢复时会被自动复位，而掉电保持功能计数器在掉电时具有将当前值保持下来的功能，由于计数器的记忆功能，所以不论是掉电保持计数器还是非掉电保持计数器在程序设计中均需设置相应的复位操作。

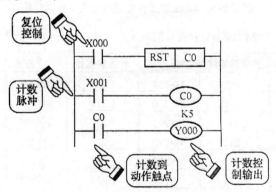

图 2-2-4　16 位加法计数器的应用示例梯形图

上例中，输入 X000 闭合时可实现对计数器 C0 进行复位操作，计数脉冲通过 X001 送至计数器 C0 进行计数，脉冲变化一次，计数器当前值增加 1，当计数值达到设定数值 5 时，计数器 C0 常开触点闭合，则 Y000 输出状态为由 OFF 变为 ON，直到计数器 C0 被 X000 复位。如图 2-2-5 所示的时序图反映了该梯形图的计数器工作与控制过程。

(2) 32 位加/减计数器：32 位加/减计数器共有 35 点，设定计数范围为-2 147 483 648～+2 147 483 647。其中包括编号范围在 C200～C219 共 20 点的 32 位通用加/减计数器和编号范围在 C220～C234 共 15 点的 32 位具有断电保持功能的加/减计数器两种。编号为

C200～C234 的 32 位加/减计数器加、减计数工作方式的实现，分别由特殊辅助继电器 M8200～M8234 进行设定，对应关系如表 2-2-3 所示。当与某一计数器相对应的特殊辅助继电器被设置为 0 状态时实现加法运算，设置为 1 状态时则实现减法运算。不同于 16 位加法计数器的计数值达到设定值时保持设定值不变的特点，32 位加/减计数器采取的是一种循环计数方式，即当计数值达到设定值时仍将继续计数。32 位加/减计数器在加计数方式下，将一直计数到最大值 2 147 483 647，若到最大值时继续计数，加 1 则跳变为最小值 -2 147 483 648。相反，在减计数方式下，将一直减 1 到最小值-2 147 483 648，继续减计数则转变成最大值 2 147 483 647。

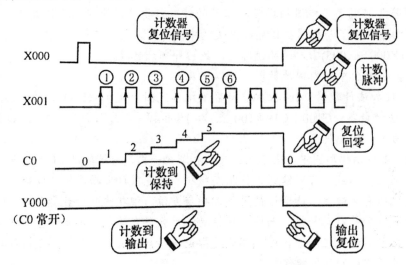

图 2-2-5 16 位加法计数器的应用示例时序图

表 2-2-3 32 位加/减计数器与控制其加减方式的特殊辅助继电器对照表

计数器编号	加减方式	计数器编号	加减方式	计数器编号	加减方式	计数器编号	加减方式
C200	M8200	C209	M8209	C218	M8218	C227	M8227
C201	M8201	C210	M8210	C219	M8219	C228	M8228
C202	M8202	C211	M8211	C220	M8220	C229	M8229
C203	M8203	C212	M8212	C221	M8221	C230	M8230
C204	M8204	C213	M8213	C222	M8222	C231	M8231
C205	M8205	C214	M8214	C223	M8223	C232	M8232
C206	M8206	C215	M8215	C224	M8224	C233	M8233
C207	M8207	C216	M8216	C225	M8225	C234	M8234
C208	M8208	C217	M8217	C226	M8226		

如图 2-2-6 所示为 32 位加/减计数器 C200 的应用示例梯形图，C200 的设定值为-4，对应计数方式通过特殊辅助继电器 M8200 在 X012 未闭合时默认为 OFF 状态，计数器 C200 为加法计数方式；当 X012 闭合时，M8200 线圈得电为 ON 状态，C200 为减计数工作方式。X014 计数脉冲输入端，对计数脉冲上升沿进行计数。

需要注意的是，32 位加/减计数器与 16 位加法计数器的触点动作方式也不相同，结合如图 2-2-7 所示的时序图可见：C200 的计数设定值为-4，若当前值由-5 变为-4 时，则计数器 C200 的触点动作, 常开触点闭合。若由当前值-4 变为-5 时(减法), 则计数器 C200 的触点复位。当 X013 的触点接通执行复位指令时, C200 被复位, C200 常开触点断开, 常闭触点闭合。

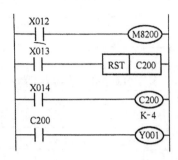

图 2-2-6　32 位加/减计数器的应用示例梯形图

由于 PLC 是采用循环扫描工作方式反复不断地读程序, 并进行相应的逻辑运算的, 在一个扫描周期中若计数脉冲多次变化, 则计数器 C200 将无法对它进行计数, 故输入端计数脉冲的周期必须大于一个扫描周期, 也就是说内部计数器的计数频率是受到一定限制的。对于较高频率的计数可采用中断方式的 C235～C255 共计 21 点的高速计数器。

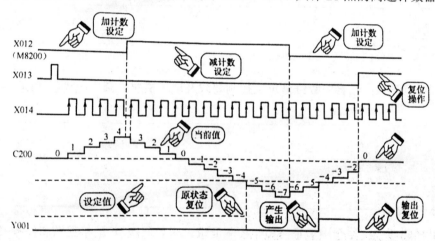

图 2-2-7　32 位加/减计数器的应用示例时序图

🕐 工作计划

按照前面收集到的相关资料, 各小组制订出工作计划, 并把相关工作计划内容填入表 2-2-4 中。

表 2-2-4　彩灯 PLC 控制工作计划表

典型工作任务			
工作小组		组长签名	
典型工作过程描述			

续表

任务分工				
序号	工作步骤	注意事项	负责人	备注

彩灯 PLC 控制工作原理分析

仪表、工具、耗材和器材清单				
序号	名称	型号与规格	单位	数量

计划评价			
组长签字		教师签字	
计划评价			

注：此表仅为模板，可扫描教学表单二维码下载教学表单，根据具体情况进行修改、打印。

引导问题 1：结合中级维修电工控制要求及现场情况，画出电动机 PLC 控制线路接线图。

引导问题 2：结合中级维修电工控制要求、引导问题 1 的接线图和任务书技术要求及功能，画出梯形图。

完成决策

各组派代表阐述设计方案并对其他的设计方案提出自己不同的看法；教师结合大家完成的情况进行点评，选出最佳方案，完成表 2-2-5 中的内容。

表 2-2-5　彩灯 PLC 控制任务决策表

典型工作任务					
计划对比					
序号	计划的可行性	计划的经济性	计划的安全性	计划的实施难度	综合评价
1					
2					
3					
决策分析与评价	班级		组长签字		第＿＿＿组
	教师签字		日期		

注：此表仅为模板，可扫描教学表单二维码下载教学表单，根据具体情况进行修改、打印。

🔄 工作实施

综合决策方案，按照工作任务及工作计划写出工作思路和工作步骤并填入表 2-2-6 中。

表 2-2-6　彩灯 PLC 控制任务实施表

典型工作任务		
任务实施		
序号	输入输出硬件调试与程序调试步骤	注意事项
实施说明		
实施评价	班级	组长签字 第＿＿＿组
	教师签字	日期

注：此表仅为模板，可扫描教学表单二维码下载教学表单，根据具体情况进行修改、打印。

👍 评价反馈

工作实施完成后，各组代表展示本任务的作品，介绍本任务的完成过程。学生通过扫描线上评价表单二维码完成学生自评表和学生互评表，教师和企业人员扫描线上评价表单二维码分别完成教师评价表、企业专家评价表。

学习情境三 十字路口交通灯 PLC 控制

学习情境描述

交通信号灯对车辆和行人实行或停或行交替式的指挥疏导，把不同方向的交通参与者从时间和空间上隔开，先后通行，避免相互干扰，使处在相互矛盾的交通环境中的车辆和行人有秩序地通过交叉路口，以保障交通安全和道路畅通。

某公司已经在某十字路口安装了交通指示灯，十字路口交通信号灯示意图，如图 2-3-1 所示，现需要用 PLC 实现对十字路口交通灯的控制。

图 2-3-1 十字路口交通灯

学习目标

通过分析十字路口交通灯 PLC 控制的情境任务，用不同的方式方法获取信息，然后制订学习计划、完成决策、实施计划，最后进行多方评价，就可以完成如表 2-3-1 所示的学习目标。

表 2-3-1　十字路口交通灯 PLC 控制学习目标

知识目标	技能目标	素养目标
1. 熟悉步进指令的功能、梯形图、助记符，理解"步"的概念。 2. 熟悉步进顺控编程方法及其编程三要素。 3. 熟悉步进顺控状态转移图的画法规则及其程序设计方法。 4. 熟悉步进顺控编程中的单流程状态图程序设计。 5. 熟悉步进顺控编程的选择分支、条件分支的程序结构及其编程方法	1. 能绘制十字路口交通灯的 PLC 硬件接线图。 2. 能根据 PLC 硬件接线图完成 PLC 硬件接线。 3. 能用步进指令梯形图、状态图编写十字路口交通灯的 PLC 控制程序。 4. 能根据十字路口交通灯的功能及 PLC 步进顺控程序进行监视	1. 树立安全意识，养成安全文明的生产习惯。 2. 培养团结协作的职业素养，树立勤俭节约、物尽其用的意识。 3. 培养分析及解决问题的能力，鼓励读者结合实际生产需要，对客观问题进行分析，并提出解决方案

🖥 工作任务书及分析

本次任务要用 PLC 完成对十字路口交通灯的控制，具体控制要求如下。

按下按钮 SB1，十字路口交通灯控制系统开始工作。首先南北方向禁止通行，南北方向红灯亮，东西方向通行，东西方向绿灯亮，20 s 后，东西方向绿灯闪亮 3 s 后熄灭，随后东西方向黄灯亮 2 s。当东西方向黄灯亮到 3 s 时，东西方向红灯亮，表示禁止东西方向通行，南北方向绿灯亮，南北方向通行，20 s 后，南北方向绿灯闪亮 3 s 后熄灭，随后南北方向黄灯亮 2 s。当南北方向黄灯亮到 3 s 时，南北方向红灯亮，南北方向禁止通行，东西方向绿灯亮，东西方向通行……如此循环。其模拟控制的电气原理图如图 2-3-2 所示。

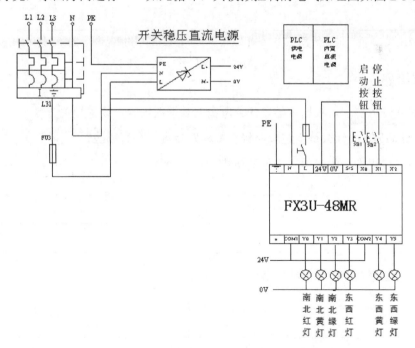

图 2-3-2　十字路口交通灯 PLC 控制电气原理图

十字路口交通灯 PLC 控制设计及调试过程的微课如下。

 线上学习资源

任务分组

将学生按 4～6 人一组进行分组，明确每组的工作任务，并填写分组任务表，如表 2-3-2 所示。每组任务可以相同也可以有差异性，视任务量大小而定。

表 2-3-2　十字路口交通灯 PLC 控制分组任务表

班级		组号		指导老师	
组长		学号			
组员	姓名	学号	姓名		学号
任务分工：					

注：此表仅为模板，可扫描教学表单二维码下载教学表单，根据具体情况进行修改、打印。

获取信息

认真阅读任务要求，根据本学习任务所需要掌握的内容，收集相关资料。

引导问题 1：什么是步进顺控状态编程？步进指令有哪些？

(1) 写出步进指令的名称、符号及功能。

_____

_____

_____

(2) 写出顺序功能的基本结构名称。

_____

_____

_____

? 引导问题 **2**：什么是状态元件？

(1)　写出状态继电器的符号、编号及功能。

_____

_____

_____

(2)　写出初始化状态继电器的编号及功能。

_____

_____

_____

学习步进顺控状态编程的微课如下。

 线上学习资源

📖 **线下学习资料**

步进顺控(SFC)编程介绍

　　在很多工业机械动作中，各个动作是按照时间的先后次序遵循一定的规律动作的，如工业机械手、交通信号灯、生产流水线等，这些复杂的系统往往由若干个功能相对独立的状态组成。系统的工作是从一个状态进入另一个状态。当相邻两状态之间的转换条件得到满足时，上一个状态的动作结束而下一个状态的动作开始。现在大多 PLC 制造公司，都为自己的工控产品提供了相关的编程软件，以便利用计算机实现在线编程。三菱 FX3U 系列 PLC 为此专门开发了步进控制指令。三菱 FX 系列步进控制指令有两种编程方法，一种是步进梯形图编程，另一种是顺序功能图编程。在前面介绍的 GX Works2 软件中，两种程序可以相互转化。

　　顺序功能图(sequential function chart，SFC)是一种新颖、按工艺流程图进行编程的图形化编程语言，也是一种符合国际电工委员会(IEC)标准，被首选推荐用于可编程控制器的通用编程语言，在 PLC 应用领域中应用广泛及得到推广。

　　根据国际电工委员会(IEC)标准，SFC 的标准结构是：步+该步工序中的动作或命令 + 有向连接 + 转换和转换条件 = SFC，如图 2-3-3 所示。

　　SFC 程序的运行规则是从初始步开始执行，当每步的转换条件成立，就由当前步转为执行下一步，在遇到 END 时结束所有步的运行。

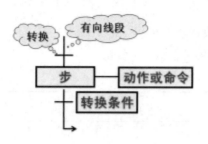

图 2-3-3　SFC 的标准结构

顺序功能图编程是利用步进指令进行编程。步进指令简称为 STL 指令，三菱 FX3U 系列 PLC 还有一条使 STL 指令复位的 RET 指令。利用这两条指令，可以方便地编制顺序功能梯形图程序。其指令、功能如表 2-3-3 所示。

表 2-3-3　步进指令及其功能

名称	助记符	符号	功能
步进指令	STL	─[STL S10]─	表示一个状态
步返回指令	RET	─[RET]─	步进指令结束

通常步进指令要与状态继电器结合使用，三菱 FX3U 系列 PLC 的状态继电器共 4 096 个，其中 S0~S9 为初始化状态继电器，S20~S499 为通用状态继电器，S500~S899 为断电保持状态继电器(可以更改为非断电保持)，S900~S999 为信号报警状态继电器。S1000~S4095 为固定断电保持状态继电器，不能通过参数改变断电保持的特性。三菱 FX3U 状态继电器如表 2-3-4 所示。

表 2-3-4　三菱 FX3U 状态继电器

名称	编号	数量	功能
初始化状态继电器	S0~S9	10	初始步
通用状态继电器	S20~S499	480	通用状态步
断电保持状态继电器	S500~S899	400	断电保持功能状态步(可改变)
信号报警状态继电器	S900~S999	100	信号报警状态步
固定断电保持状态继电器	S1000~S4095	3096	固定断电保持功能状态步

❓ 引导问题 3：状态编程中怎样进行条件分支的处理？

写出状态编程中条件分支的四种结构。

_____

_____

_____

📖 **线下学习资料**

(一)单流程结构 SFC 编程方法

单流程结构是顺序控制中最常见的一种流程结构，其结构特点是程序顺着工序步，步步为序地向后执行，中间没有任何的分支。掌握了单流程 SFC 编程方法，也就是迈进了 SFC 编程大门。这里，我们以"双灯自动闪烁信号生成"为例，讲解 SFC 编程的入门。

例题 1：双灯自动闪烁信号生成。

要求：在 PLC 上电后，其输出 Y000 和 Y001 各以一秒钟的时间间隔，周期交替闪烁。本例梯形图和指令表如图 2-3-4 所示。

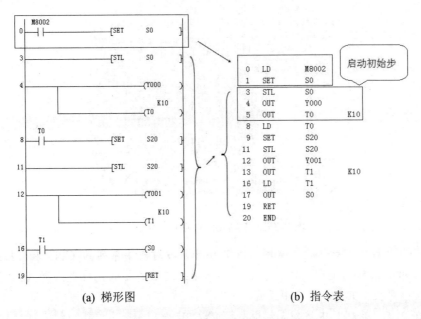

(a) 梯形图　　　　　(b) 指令表

图 2-3-4　闪烁信号梯形图和指令表

在 GX Works2 中，一个完整的 SFC 程序是由初始状态、有向线段、转移条件和转移方向等内容组成，如图 2-3-5 所示，而 PLC 编程就是完整地获得这几个组成部分。

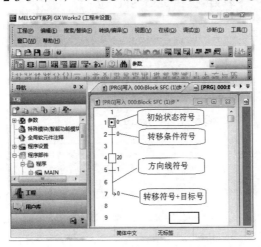

图 2-3-5　闪烁信号 SFC 程序

根据 PLC 教程规定,SFC 程序主要由初始状态、通用状态、返回状态等几种状态构成,但在编程中,这几个状态的编写方式不一样,因此需要引起注意。SFC 程序从初始状态开始,因而编程的第一步就是给初始状态设置合适的启动条件。本例中,梯形图的第一行就是表示如何启动初始步,在 SFC 程序中,初始步的启动采用梯形图方式。

下面开始软件中的程序输入。

(1) 启动 GX Works2 编程软件,单击"工程"菜单,选择"创建新工程"命令或直接单击"新建工程"按钮 ,如图 2-3-6 所示。

图 2-3-6 GX Works2 编程软件窗口

(2) 弹出"新建"对话框,如图 2-3-7 所示,要对三菱系列的 CPU 和 PLC 进行选择,以符合对应系列的编程代码,否则容易出错。这里讲述的主要是三菱 FX3U 系列的 PLC,所以,需在以下几个项目中设置。

① 在 PLC"系列"下拉列表框中选择 FXCPU 选项。

② 在 PLC"机型"下拉列表框中选择 FX3U/FX3UC 选项。

③ 在"工程类型"下拉列表框中选择"简单工程"选项。

④ 在"程序语言"下拉列表框中选择 SFC 选项。

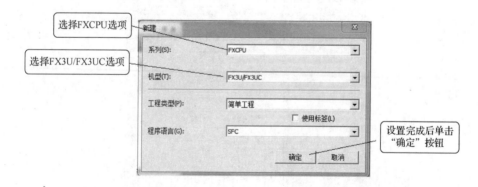

图 2-3-7 "新建"对话框

(3) 完成上述设置后单击"确定"按钮，会弹出如图 2-3-8 所示的"块信息设置"对话框。

图 2-3-8 "块信息设置"对话框

在这里对块编辑的类型进行设置，有两个选择项：SFC 块和梯形图块。

在编程理论中，SFC 程序由初始状态开始，故初始状态必须激活，而激活的通用方法是利用一段梯形图程序，且这一段梯形图程序必须放在 SFC 程序的开头部分。同理，在以后的 SFC 编程中，初始状态的激活都需由放在 SFC 程序的第一部分(即第一块)的一段梯形图程序来执行，这是需要注意的一点。所以，"块类型"应设置为"梯形图块"，在"标题"文本框中，填写该块的说明标题，也可以不填。

(4) 单击"执行"按钮，弹出梯形图编辑窗口，如图 2-3-9 所示，在右边梯形图编辑窗口中输入启动初始状态的梯形图。

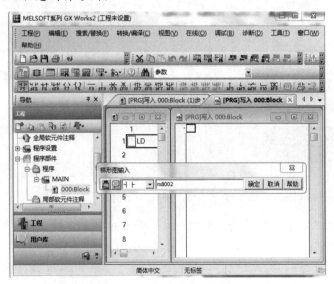

图 2-3-9 梯形图编辑窗口(1)

在编程理论中，初始状态的激活一般采用辅助继电器 M8002 来完成，也可以采用其他触点方式来完成，只需要在它们之间建立一个并联电路就可以实现。本例中我们利用 PLC 的辅助继电器 M8002 的上电脉冲使初始状态生效。

在梯形图编辑窗口中，单击第零行输入初始化梯形图，如图 2-3-10 所示。输入完成后单击"转换/编译"菜单，选择"转换"命令或按 F4 快捷键，完成梯形图的转换，如图 2-3-11 所示。

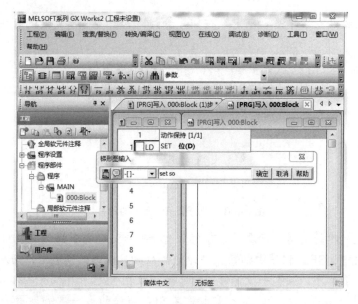

图 2-3-10　梯形图编辑窗口(2)

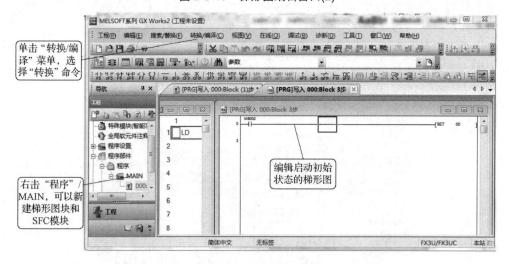

图 2-3-11　梯形图的转换

　　需要注意的是，在 SFC 程序的编制过程中，每一个状态中的梯形图编制完成后必须进行转换，才能进行下一步工作，否则会弹出出错信息，如图 2-3-12 所示。

　　(5) 在完成了程序的第一块(梯形图块)编辑以后，右击工程数据列表窗口中的"程序"/ MAIN 选项，在弹出的快捷菜单中选择"新建数据"命令，弹出"新建数据"对话框，如图 2-3-13 所示。"数据类型"设置为"程序"，在"数据名"文本框中可以输入相应的数据名或默认名字，单击"确定"按钮。弹出"块信息设置"对话框，在"标题"文本框中可以输入相应的标题也可以不输入，单击"执行"按钮。弹出 SFC 程序编辑窗口，如图 2-3-14 所示，在 SFC 程序编辑窗口中光标变成空心矩形。

　　(6) 转移条件的编辑。SFC 程序中的每一个状态或转移条件都是以 SFC 符号的形式出现在程序中，每一种 SFC 符号都对应有图标和图标号，现在输入使状态发生转移的条件。

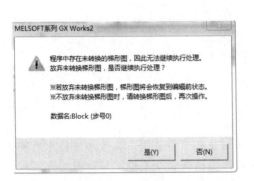

图 2-3-12　出错信息　　　　　　图 2-3-13　"新建数据"对话框

在 SFC 程序编辑窗口，将光标移到第一个转移条件符号处(如图 2-3-14 所示的标注)并单击，在右侧将出现梯形图编辑窗口，在此中输入使状态转移的梯形图。读者从图 2-3-14 中可以看出，T0 触点驱动的不是线圈，而是 TRAN 符号，意思是表示转移(transfer)。在 SFC 程序中，所有的转移都用 TRAN 表示，不可以采用 SET + S□语句表示，否则将提示出错。

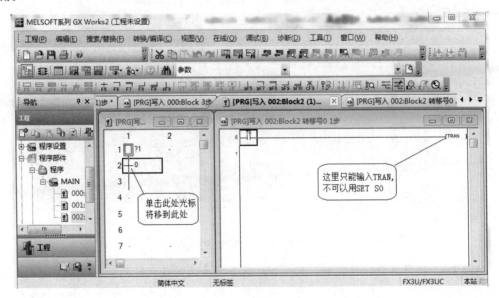

图 2-3-14　SFC 程序编辑窗口

对转换条件梯形图的编辑，可按 PLC 编程的要求，需注意的是，每编辑完一个条件后应按 F4 快捷键转换，转换后梯形图则由原来的灰色变成亮白色。完成转换后 SFC 程序编辑窗口中 1 前面的问号(?)会消失。

(7) 通用状态的编辑。在左侧的 SFC 程序编辑窗口中把光标移动到方向线底端位置双击，或单击工具栏中的"工具"按钮 🖥️，或按 F5 快捷键弹出"SFC 符号输入"对话框，如图 2-3-15 所示。

图 2-3-15   "SFC 符号输入"对话框

输入步序号后单击"确定"按钮，这时光标将自动向下移动，此时，可看到步序号前面有一个问号(?)，这表明该步现在还没有进行梯形图编辑，同时右边的梯形图编辑窗口呈现为灰色也表明为不可编辑状态，如图 2-3-16 所示。

下面对通用工序步进梯形图编程。将光标移到步序号符号处，在步序号符号上单击，右边的窗口将变成可编辑状态。现在，可在该梯形图编辑窗口中输入梯形图。需注意，该处的梯形图是指程序运行到该工序步时所要驱动哪些输出线圈，在本例中，现在所要获得的通用工序步的步序号为 20，驱动输出线圈 Y000 以及 T0(参见图 2-3-4 所示程序梯形图和指令表)。

用相同的方法把控制系统一个周期内所有的通用状态编辑完毕。

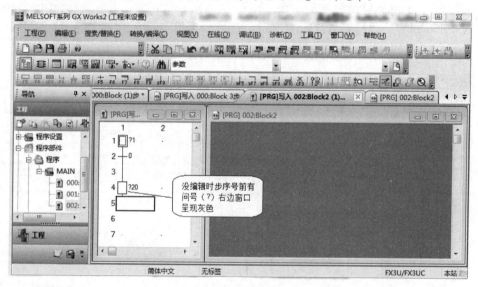

图 2-3-16   未编辑的状态步

(8) SFC 程序在执行过程中，无一例外地会出现返回或跳转的编辑问题，这是执行周期性的循环所必须的。要在 SFC 程序中出现跳转符号，需用 🔂 按钮或 JUMP 指令加目标号进行设计。

现在进行返回初始状态编辑，如图 2-3-17 所示。输入方法是：把光标移到方向线的最下端，按 F8 快捷键或者单击 🔂 按钮，在弹出的对话框中输入要跳转到的目的地步序号，然后单击"确定"按钮。

图 2-3-17　跳转符号输入

说明：如果在程序中有选择分支也要用"JUMP+步序号"来表示。

当输入完跳转步序号后，在 SFC 编辑窗口中我们将会看到，在有跳转返回指向的步序号方框图中多出一个小黑点，这说明此工序步是跳转返回的目标步，这为我们阅读 SFC 程序提供了方便，如图 2-3-18 所示。

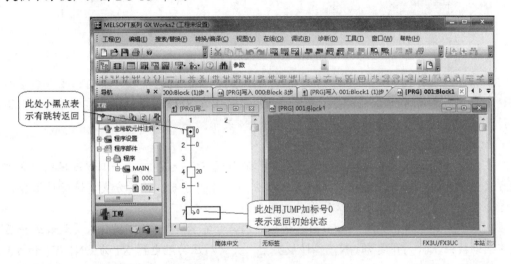

图 2-3-18　完整的 SFC 程序

（9）当所有 SFC 程序编辑完后，我们可单击"变换" 按钮进行 SFC 程序的变换（编译），如果在变换时弹出了"块信息设置"对话框，可不用理会，直接单击"执行"按钮即可。经过变换后的程序如果成功，就可以进行仿真实验或写入 PLC 进行调试了。

如果想把 SFC 程序变换为所对应的顺序控制梯形图，可以这样操作：选择"工程"→"工程类型更改"命令，弹出"工程类型更改"对话框，如图 2-3-19 所示，单击"确定"按钮，弹出确认对话框，单击"确定"按钮，进行程序类型语言更改。

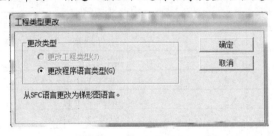

图 2-3-19　"工程类型更改"对话框

执行更改程序语言类型后，可以看到由 SFC 程序变换成梯形图程序，如图 2-3-20 所示。

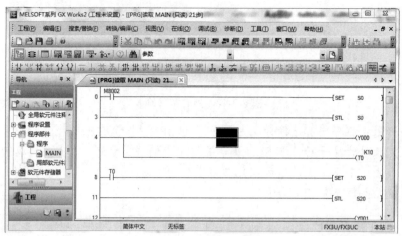

图 2-3-20　转换后的梯形图

小结：以上介绍了单流程的 SFC 程序的编制方法，通过学习，我们已经基本了解了 SFC 程序中状态符号的输入方法。需要强调两点：①在 SFC 程序中仍然需要进行梯形图的设计；②SFC 程序中所有的状态转移需用 TRAN 表示。

(二)多流程结构 SFC 编程方法

多流程结构是指状态与状态间有多个工作流程的 SFC 程序。多个工作流程之间通过并联方式进行连接，而并联连接的流程又可以分为选择性分支、并行分支、选择性汇合、并行汇合等几种连接方式。下面以具体实例来介绍。

例题 2：某专用钻床用来加工圆盘状零件均匀分布的 6 个孔，操作人员放好工件后，按下启动按钮 X0，Y0 变为 ON，工件被夹紧，夹紧后压力继电器 X1 为 ON，Y1 和 Y3 使两个钻头同时开始工作，钻到由限位开关 X2 和 X4 设定的深度时，Y2 和 Y4 使两个钻头同时上行，升到由限位开关 X3 和 X5 设定的起始位置时停止上行。两个都到位后，Y5 使工件旋转 60°，旋转到位时，X6 为 ON，同时设定值为 3 的计数器 C0 的当前值加 1，旋转结束后，又开始钻第二对孔。3 对孔都钻完后，计数器的当前值等于设定值 3，Y6 使工件松开，松开到位时，限位开关 X7 为 ON，系统返回初始状态。根据例题要求写出 I/O 地址分配表，如表 2-3-5 所示。

表 2-3-5　I/O 地址分配表

输入元件	输入地址	输出元件	输出地址
启动按钮	X0	工件加紧	Y0
压力继电器	X1	钻头 1 下行	Y1
钻孔 1 限位	X2	钻头 1 上升	Y2
钻头 1 原始位	X3	钻头 2 下行	Y3
钻孔 2 限位	X4	钻头 2 上升	Y4
钻头 2 原始位	X5	工作旋转	Y5
旋转限位	X6	工作松开	Y6
工作松开限位	X7		

分析：由题目要求我们可以编辑出顺序控制功能图，如图 2-3-21 所示。

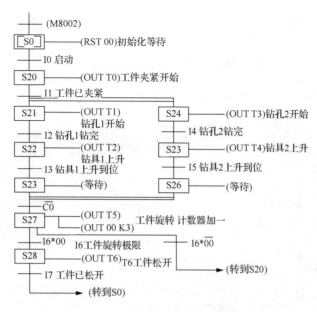

图 2-3-21　顺序控制功能图

打开 GX Works2 软件，设置方法与第一部分的单流程结构相同，在此不再赘述。本例中还是利用 M8002 作为启动脉冲，在程序的第一块输入梯形图，可参照单流程结构的 SFC 程序输入方法。

本例中我们要求初始状态时要有相应的动作，复位 C0 计数器，因此对初始状态需要做些处理，把光标移到初始状态符号处，在右边窗口中输入梯形图，如图 2-3-22 所示，接下来的状态转移程序输入与第一部分相同。程序运行到 X1 为 ON 时(压力继电器常开触点闭合)要求两个钻头同时开始工作，程序开始分支，如图 2-3-22 所示。

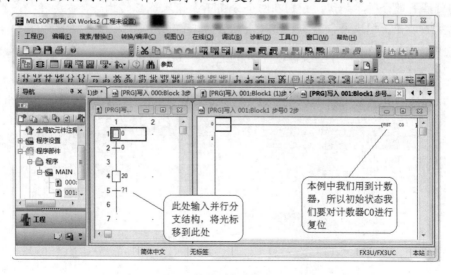

图 2-3-22　程序分支输入

接下来输入并行分支，控制要求 X1 触点接通状态发生转移，将光标移到条件 1 方向线的下方，单击工具栏中的"并行分支写入"按钮 ⁤aF8 或者按 Alt+F8 组合键，使"并行分

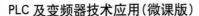

支写入"按钮处于按下状态,在光标处按住鼠标左键横向拖动,直到出现一条细蓝线,释放鼠标,这样一条并行分支线就被输入,如图 2-3-23 所示。

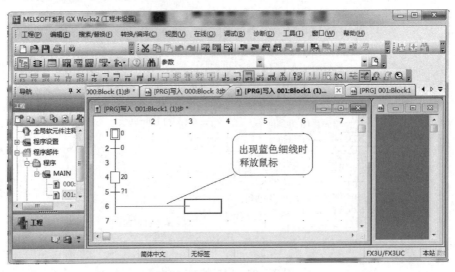

图 2-3-23 并行分支线的输入(1)

注意:在用鼠标操作进行划线写入时,只有出现蓝色细线时才可以释放鼠标,否则输入失败。

并行分支线的输入也可以采用另一种输入方法,双击转移条件 1,弹出"SFC 符号输入"对话框。

在"图形符号"下拉列表框中选择第三行"==D"选项,如图 2-3-24 所示,单击"确定"按钮,一条并行分支线被输入。并行分支线输入后的效果如图 2-3-25 所示。

利用第一部分所学知识,分别在两个分支下面输入各自的状态符号和转移条件符号,如图 2-3-26 所示。图中每条分支表示一个钻头的工作状态。

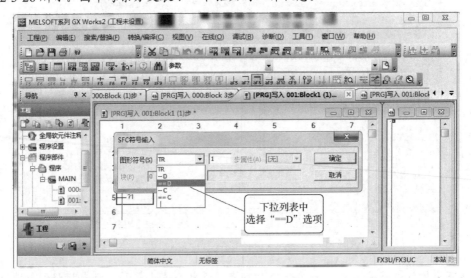

图 2-3-24 并行分支线的输入(2)

图 2-3-25　并行分支线输入后的效果

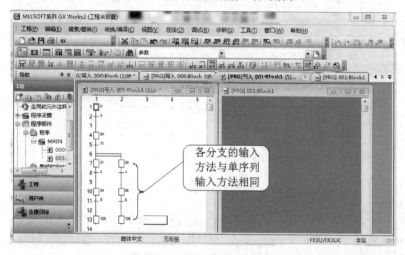

图 2-3-26　分支符号的输入

两个分支输入完成后要有分支汇合。将光标移到步序号 23 的下面，双击，弹出"SFC 符号输入"对话框，选择"==C"选项，单击"确定"按钮，如图 2-3-27 所示。

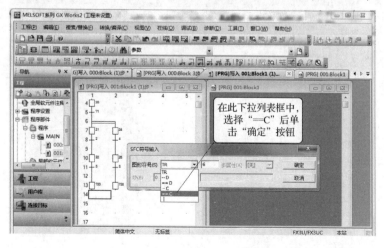

图 2-3-27　并行汇合符号的输入

继续输入程序，当两条并行分支汇合完毕后，此时钻头都已回到初始位置，接下来是工件旋转 60°，输入完成后程序又出现了选择分支。将光标移到步序号 27 的下面双击鼠标，弹出"SFC 符号输入"对话框，在"图形符号"下拉列表框中选择"--D"选项，单击"确定"按钮返回 SFC 程序编辑区，这样一个选择分支被输入，如图 2-3-28 所示。如果利用鼠标操作输入选择分支符号，单击工具栏中的"工具"按钮 aF7 或按 Alt+F7 组合键，此时"选择分支划线写入"按钮呈按下状态，把光标移到需要写入选择分支的地方，按住鼠标左键拖动，直到出现蓝色细线时释放鼠标，一条选择分支线写入完成。

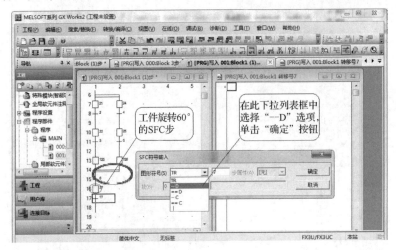

图 2-3-28　选择分支符号的输入

继续输入程序如图 2-3-29 所示，在程序结尾处，我们看到本程序用到了两个 JUMP F8 符号。在 SFC 程序中状态的返回或跳转都用 JUMP 符号表示，因此在 SFC 程序中 JUMP 符号可以多次使用，只须在 JUMP 符号后面加目的标号即可达到返回或跳转的目的。

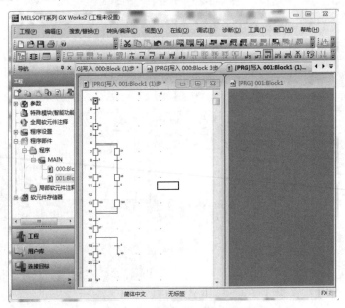

图 2-3-29　完整的程序

以上我们完成了整个程序的输入。

在双击 JUMP 符号弹出的 "SFC 符号输入" 对话框中，可以看到，"步属性" 下拉列表框处于激活状态而且有两个选项，分别是 "[无]" 和 "[R]"，如图 2-3-30 所示。当选择 "[R]" 选项时，跳转符号由 ↳□ 变为 ↓，"[R]" 表示复位操作，意思是复位目的标号处的状态继电器。利用 "[R]" 选项的复位作用我们可以在系统中增加暂停或急停等操作。

图 2-3-30 "[无]" 和 "[R]" 的选择

⏱ 工作计划

按照前面收集到的相关资料，各小组制订出工作计划，并把相关工作计划内容填入表 2-3-6 中。

表 2-3-6 十字路口交通灯 PLC 控制工作计划表

典型工作任务				
工作小组		组长签名		
典型工作过程描述				
任务分工				
序号	工作步骤	注意事项	负责人	备注
十字路口交通灯 PLC 控制工作原理分析				
仪表、工具、耗材和器材清单				
序号	名称	型号与规格	单位	数量
计划评价				
组长签字		教师签字		
计划评价				

注：此表仅为模板，可扫描教学表单二维码下载教学表单，根据具体情况进行修改、打印。

❓ **引导问题 1**：结合中级维修电工控制要求及现场情况，画出十字路口交通灯 PLC

控制线路接线图。

❓ 引导问题 2：结合中级维修电工控制要求、引导问题 1 的接线图、任务书技术要求及功能，画出梯形图。

💬 完成决策

各组派代表阐述设计方案并对其他的设计方案提出自己不同的看法；教师结合大家完成的情况进行点评，选出最佳方案，完成表 2-3-7 中的内容。

表 2-3-7 十字路口交通灯 PLC 控制任务决策表

典型工作任务					
计划对比					
序号	计划的可行性	计划的经济性	计划的安全性	计划的实施难度	综合评价
1					
2					
3					
决策分析与评价	班级		组长签字		第___组
	教师签字		日期		

注：此表仅为模板，可扫描教学表单二维码下载教学表单，根据具体情况进行修改、打印。

🔄 工作实施

综合决策方案，按照工作任务及工作计划写出工作思路和工作步骤并填入表 2-3-8 中。

表 2-3-8 十字路口交通灯 PLC 控制任务实施表

典型工作任务		
任务实施		
序号	输入输出硬件调试与程序调试步骤	注意事项

续表

实施说明					
实施评价	班级		组长签字		第___组
	教师签字		日期		

注：此表仅为模板，可扫描教学表单二维码下载教学表单，根据具体情况进行修改、打印。

 评价反馈

　　工作实施完成后，各组代表展示本任务的作品，介绍本任务的完成过程。学生通过扫描线上评价表单二维码完成学生自评表和学生互评表，教师和企业人员扫描线上评价表单二维码分别完成教师评价表、企业专家评价表。

 线上评价表单

教学表单

 # 考证热点

一、选择题

1. 下列关于警示灯说法正确的是(　　)。
　　A. 当点火开关置于 ON 位置时，仪表盘上的警示灯会熄灭
　　B. 充电指示灯亮即为蓄电池处于充电状态
　　C. 驻车制动松开时，驻车制动指示灯点亮
　　D. 接通点火开关，安全带未系时，安全带指示灯点亮

2. 状态元件编写步进指令，两条指令为(　　)。
　　A. SET STL　　　　B.OUT SET　　　　C.STL RET　　　　D.RET END

3. 用于停电恢复后需要继续执行停电前状态的元件是(　　)。
　　A. S0~S9　　　　B. S20~S499　　　　C. S500~S899　　　　D. S900~S999

4. 用于停电恢复后需要继续执行停电前状态的计数器(　　)。
　　A. C0~C29　　　　B. C30~C49　　　　C. C50~C99　　　　D. C100~C199

5. 32 位加/减计数器，它的加减方向由特殊继电器(　　)设定。
　　A.M8000~M8002　　　　　　　　B. M8013~M8025
　　C. M8100~M8150　　　　　　　　D. M8200~M8234

6. PLC 的特殊继电器指的是(　　)。
　　A. 提供具有特定功能的内部继电器　　　B. 断电保护继电器

C. 内部定时器和计数器　　　　　　　　D. 内部状态指示继电器和计数器

7. FX3U 系列 PLC 可编程控制器能够提供 100 ms 时钟脉冲的辅助继电器是(　　)。

    A. M8011　　　　　B. M8012　　　　　C. M8013　　　　　D. M8014

8. PLC 的程序编写有(　　)图形方法。

    A. 梯形图和功能图　　　　　　　　　B. 图形符号逻辑

    C. 继电器原理图　　　　　　　　　　D. 卡诺图

9. PLC 的程序编写有(　　)、梯形图、功能图和高级语言编程等方法。

    A. 语句表　　　　　　　　　　　　　B. 图形符号逻辑图

    C. 继电器原理图　　　　　　　　　　D. 卡诺图

10. 在较大型和复杂的电器控制程序设计中，可以采用(　　)方法来设计程序。

    A. 程序流程图设计　　　　　　　　　B. 继电控制原理图设计

    C. 简化梯形图设计　　　　　　　　　D. 普通的梯形图法设计

11. 在 PLC 的顺序控制程序中，采用步进指令方式编程具有(　　)优点。

    A. 方法简单、规律性强　　　　　　　B. 程序不能修改

    C. 功能性强、专用指令多　　　　　　D. 程序不需进行逻辑组合

12. 可以对计数器、定时器、数据寄存器中内容清零的指令是(　　)。

    A. SET　　　　　　B. PLS　　　　　　C. RST　　　　　　D. PLF

13. PLC 梯形图逻辑执行的顺序是(　　)。

    A. 自上而下，自左向右　　　　　　　B. 自下而上，自左向右

    B. 自上而下，自右向左　　　　　　　D. 随机执行

14. ANB 指令用于(　　)。

    A. 将一个动断触点与左母线连接　　　B. 电路块的并联连接

    C. 电路块的串联连接　　　　　　　　D. 在母线中串联一个主控触点来实现控制

15. 中间继电器的电气符号是(　　)。

    A. SB　　　　　　B. KT　　　　　　C. KA　　　　　　D. KM

16. 下列对 PLC 软继电器的描述，正确的是(　　)。

    A. 有无数对常开和常闭触点供编程时使用

    B. 只有两对常开和常闭触点供编程时使用

    C. 不同型号的 PLC 的情况可能不一样

    D. 以上说法都不正确

17. 交流接触器的电气文字符号是(　　)。

    A. KA　　　　　　B. KT　　　　　　C. SB　　　　　　D. KM

18. 顺序功能图的三要素是指(　　)。

    A. 步、顺序、状态　　　　　　　　　B. 顺序、状态、条件

    C. 状态、转换、动作　　　　　　　　D. 步、转换、动作

19. 在 STL 步进的顺控图中，S0～S9 的功能是(　　)。

    A. 初始化　　　　B. 回原点　　　　C. 基本动作　　　　D. 通用型

20. 在 STL 步进的顺控图中，S10～S19 的功能是(　　)。

    A. 初始化　　　　B. 回原点　　　　C. 基本动作　　　　D. 通用型

21. 在三菱 PLC 中，16 位的内部计数器，计数数值最大可设定为(　　)。

  A. 32 768   B. 32 767   C. 10 000   D. 100 000

22. 三菱 FX 系列 PLC 内部计数器，只能进行加计数的是(　　)位数的。

  A. 16 位   B. 8 位   C. 32 位   D. 64 位

23. 助记符后附的(　　)表示脉冲执行。

  A. (D)符号   B. (P)符号   C. (V)符号   D. (Z)符号

24. M8013 的脉冲输出周期是(　　)。

  A. 5 秒   B. 13 秒   C. 10 秒   D. 1 秒

25. FX 系列 PLC 中表示 Run 监视常闭触点的是(　　)。

  A. M8011   B. M8000   C. M8014   D. M8015

26. C0~C199 是归类于(　　)。

  A. 8 位计数器   B. 16 位计数器   C. 32 位计数器   D. 高速计数器

27. C200~C234 是归类于(　　)。

  A. 8 位计数器   B. 16 位计数器   C. 32 位计数器   D. 高速计数器

28. C235~C255 是归类于(　　)

  A. 8 位计数器   B. 16 位计数器   C. 32 位计数器   D. 高速计数器

29. YL-235A 型实训平台上的按钮模块中，指示灯的工作电源为 DC(　　)V。

  A. 220   B. 24   C. 48   D. 36

30. YL-235A 型实训平台上的按钮模块中有(　　)按钮。

  A. 自复位式按钮、非复位式按钮   B. 自复位式按钮、常开开关

  C. 常开开关、非复位式按钮   D. 常开开关

31. YL-235A 型实训平台上的按钮模块中，蜂鸣器的工作电源为(　　)V。

  A. AC220   B. DC24   C. AC24   D. AC36

二、判断题

1. PLC 的输出继电器的线圈不能由程序驱动，只能由外部信号驱动。   (　　)

2. PLC 的输出线圈可以放在梯形图逻辑行的中间任意位置。   (　　)

3. PLC 的软继电器编号可以根据需要任意编写。   (　　)

4. 在绘制电气元件布置图时，重量大的元件应放在下方，发热量大的元件应放在上方。   (　　)

5. 在设计 PLC 的梯形图时，在每一逻辑行中，并联触点多的支路应放在左边。(　　)

6. 计数器定时器 RST 的功能是复位输出触点，当前数据清零。   (　　)

7. 初始状态即是在状态转移图起始位置的状态。   (　　)

8. PLC 在运行中若发生突然断电，输出继电器和通用辅助继电器会全部变为断开状态。   (　　)

9. 外部输入/输出继电器、内部继电器、定时器、计数器等器件的接点在 PLC 的编程中只能用一次，需多次使用时应用复杂的程序结构代替。   (　　)

10. FX 系列 PLC 的 16 位计数器，计数最大数值为 32 767。   (　　)

学习场景三　生产设备变频器 PLC 控制

场景介绍

变频器是一种通过改变电机工作电源频率方式来控制交流电动机的电力控制设备，如图 3 所示。在工业自动化程度不断提高的今天，变频器得到了非常广泛的应用。它是现代工业生产中不可或缺的重要设备之一。它可以为机械设备提供精确的速度控制和能源节省，同时具有保护功能和集控功能，有助于提高生产效率和降低企业成本。

图 3　变频器

本学习场景通过三个学习情境讲解变频器的工作原理、基本操作、参数设置及 PLC 如何控制变频器。

学习情境一　变频器的接线及面板按键操作控制

📝 学习情境描述

变频器是一种利用电力半导体器件的通断作用将工频电源的频率变换为另一种频率的电能控制装置，如三菱变频器，如图 3-1-1 所示。在交流异步电动机的多种调速方法中，变频调速方法的性能是最好的，调速范围也是最大的，静态稳定性也最好，运行效率也较高。采用通用变频器对鼠笼式异步电动机进行调速控制的优点显著，所以变频器在生活与生产中得到了广泛应用。

图 3-1-1　三菱变频器

　　某企业为了节约成本，订购了一批三菱公司的 E740 变频器，但现在企业暂时没有人懂得使用，现需要给企业员工进行简单培训，能够让员工懂得变频器的简单使用方法。

⚙ 学习目标

　　通过分析变频器控制操作的情境任务，用不同的方式方法获取信息，然后制订学习计划、完成决策、实施计划，最后进行多方评价，就可以完成如表 3-1-1 所示的学习目标。

表 3-1-1　变频器的接线及面板按键操作控制学习目标

知识目标	技能目标	素养目标
1. 掌握变频器的主电路接线方法。 2. 熟悉变频器的操作面板。 3. 掌握变频器模式转换的操作方法。 4. 掌握面板频率的设定方法。 5. 掌握变频器恢复出厂设置的方法。 6. 掌握变频器的参数设定方法	1. 能正确连接变频器输入电源。 2. 能把变频器与三相异步电动机的连接线正确接好。 3. 能对变频器的面板进行正确操作，完成面板控制的点动、运行与停止。 4. 能对变频器进行恢复出厂设置，及参数设定	1. 树立安全意识，养成安全文明的生产习惯。 2. 培养团结协作的职业素养，树立勤俭节约、物尽其用的意识。 3. 培养分析及解决问题的能力，鼓励读者结合实际生产需要，对客观问题进行分析，并提出解决方案

📋 工作任务书与分析

　　三菱变频器是三菱公司广泛应用于工业场合的多功能标准变频器。它采用高性能的矢量控制技术，提供低速高转矩输出和良好的动态特性，同时具备超强的过载能力，以满足广泛的应用场合。

　　变频器在实际使用中，电动机经常要根据各类机械的某种状态而进行正转、反转、点动等运行，变频器的给定频率信号、电动机的启动信号等都是通过变频器控制端子给出，即变频器的外部运行操作，大大提高了生产过程的自动化程度。对于变频器的应用，首先完成变频器的电气线路连接，如图 3-1-2 所示为主电路电气原理图，图 3-1-3 所示为 YL-235A 实训装置 E740 变频器实物连接图，完成接线后再熟悉变频器的面板操作，以及根据实际应用，对变频器的各种功能参数进行设置，具体如下。

　　(1) 变频器启动：利用变频器操作面板驱动电动机在 28 Hz 的转速上运行。

　　(2) 正反转及加减速运行：利用变频器操作面板调节电动机的转速(运行频率)、旋转方向和加减速运行。

　　(3) 点动运行：利用变频器操作面板实现正向点动运行。

　　(4) 电动机停车：利用变频器操作面板实现电动机停车。

　　对变频器操作的注意事项。

　　(1) 不能从变频器上取下操作面板。

　　(2) 电动机为星形接法。

　　(3) 操作完成后注意断电，并清理现场。

PLC 及变频器技术应用(微课版)

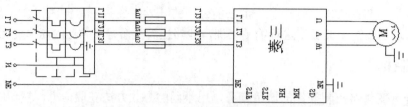

图 3-1-2　三菱 E740 变频器主电路电气原理图

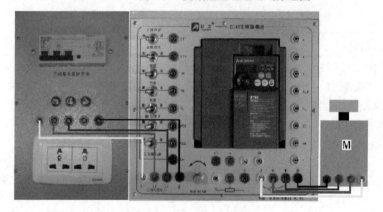

图 3-1-3　YL-235A 实训装置 E740 变频器实物连接图

变频器的接线及面板按键操作控制实操过程的微课如下。

 线上学习资源

任务分组

　　将学生按 4~6 人一组进行分组,明确每组的工作任务,并填写分组任务表,如表 3-1-2 所示。每组任务可以相同也可以有差异性,视任务量大小而定。

表 3-1-2　变频器的接线及面板按键操作控制分组任务表

班级		组号		指导老师	
组长		学号			
组员	姓名	学号		姓名	学号
任务分工:					

注:此表仅为模板,可扫描教学表单二维码下载教学表单,根据具体情况进行修改、打印。

获取信息

认真阅读任务要求，根据本学习任务所需要掌握的内容，收集相关资料。

引导问题 1：三菱 E740 变频器的面板上有哪些信息？

(1) 写出三菱 E740 变频器的型号及所代表的意义。

_____

_____

_____

(2) 写出实训时所用变频器的型号、额定电压、额定功率、输入电源及额定频率。

_____

_____

_____

引导问题 2：三菱 E740 变频器面板上的显示屏及各个显示灯各有什么作用？

(1) 写出三菱 E740 变频器监视器的作用。如何切换监视器显示内容？

_____

_____

_____

(2) 写出三菱 E740 变频器各个指示灯的作用。

_____

_____

_____

学习三菱 FR-E740 变频器的型号、结构与功能的微课如下。

 线上学习资源

线下学习资料

三菱 E740 变频器的型号、结构及功能

尽管自动化程度和设备性能逐渐提高，但以三相异步电动机为电力拖动动力主体的地位并没有改变，各种动力控制仍以三相异步电动机为主体来体现。随着生产加工工艺对设备性能要求的提高，三相异步电动机的调速性能及控制显得越来越重要，而传统变极改变

转差率调速的方式已远远不能满足现代控制的需要。随着变频技术的发展和成熟，通过改变电源频率的变频器调速在现代生产控制中的应用日趋广泛，变频器的运行与 PLC 控制是两者应用和发展的需要。在此以三菱 E740 变频器为例进行介绍。

1. 三菱 E740 变频器介绍及功能

(1) 三菱 E740 变频器介绍

三菱变频器是利用电力半导体器件的通断作用变换工频电源频率的电能控制装置。三菱变频器主要采用交-直-交方式(VVVF 变频或矢量控制变频)，先把工频交流电源通过整流器转换成直流电源，然后再把直流电源转换成频率、电压均可控制的交流电源以供给电动机。三菱变频器的电路一般由整流、中间直流环节、逆变和控制 4 个部分组成。整流部分为三相桥式不可控整流器，逆变部分为 IGBT 三相桥式逆变器，且输出为 PWM 波形，中间直流环节为滤波、直流储能和缓冲无功功率。

(2) 三菱 E740 变频器功能

电动机使用变频器的作用就是为了调速，并降低启动电流。

2. 三菱 E740 变频器的型号介绍

三菱变频器的型号含义如图 3-1-4 所示。

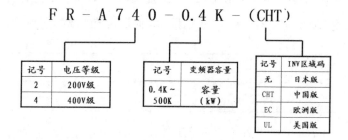

图 3-1-4　三菱变频器的型号含义

3. 三菱 E740 变频器的面板结构

三菱 E740 变频器的面板结构如图 3-1-5 所示。

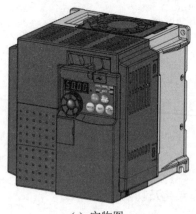

(a) 实物图　　　　　　(b) 拆掉前盖板和辅助板的内部图

图 3-1-5　三菱 E740 变频器的面板结构

(c) 前盖板　　　　　　　　　(d) 铭牌示意图

图 3-1-5　三菱 E740 变频器的面板结构(续)

4. 三菱 E740 变频器的操作面板

三菱 E740 变频器的操作面板，如图 3-1-6 所示。

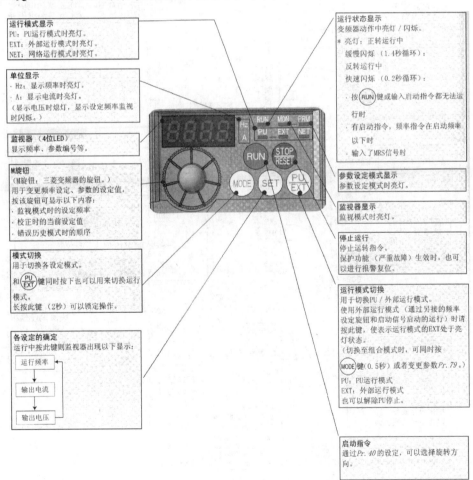

图 3-1-6　三菱 E740 变频器的操作面板

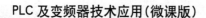

引导问题 3：三菱 E740 变频器的面板有哪些按钮？各有什么作用？

(1) 写出三菱 E740 变频器各个按钮的作用。

_____

_____

(2) 如何快速把变频器切换成面板操作模式(PU 模式)？

_____

_____

📖 线下学习资料

三菱 E740 变频器接线端子介绍

1. 变频器接线端子

变频器接线端子如图 3-1-7 所示。

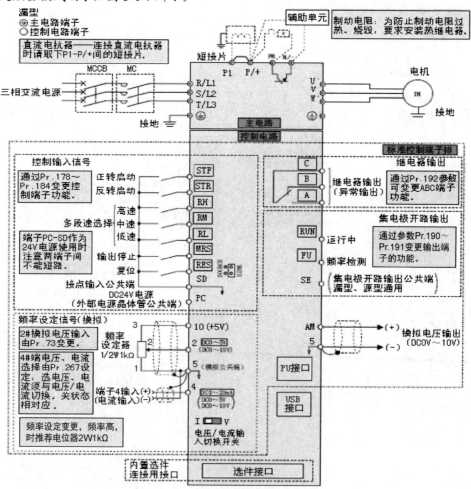

图 3-1-7　变频器接线端子

2. 主电路端子介绍

三菱 E740 变频器主电路端子功能说明如表 3-1-3 所示。

表 3-1-3　三菱 E740 变频器主电路端子功能说明表

端子符号	端子名称	端子功能说明
R/L1、S/L2、T/L3	交流电源输入	连接工频电源。 当使用高功率因数变流器(FR-HC) 及共直流母线变流器(FR-CV)时不要连接任何东西
U、V、W	变频器输出	连接三相鼠笼式异步电动机
P/+、PR	制动电阻器连接	在端子 P/+-PR 间连接选购的制动电阻器(FR-ABR)
P/+、N/−	制动单元连接	连接制动单元(FR-BU2)、共直流母线变流器(FR-CV)以及高功率因数变流器(FR-HC)
P/+、PI	直流电抗器连接	拆下端子 P/+-P1 间的短路片，连接直流电抗器
⏚	接地	变频器机架接地用，必须连接地面

3. 主电路端子排列与电源、电机的接线

三菱 E740 变频器主电路端子排列与电源、电机的接线如图 3-1-8 所示。

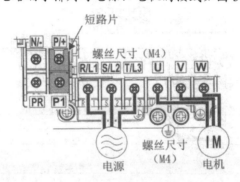

图 3-1-8　三菱 E740 变频器主电路端子排列与电源、电机的接线

4. 控制电路端子的排列

三菱 E740 变频器控制电路端子的排列如图 3-1-9 所示。

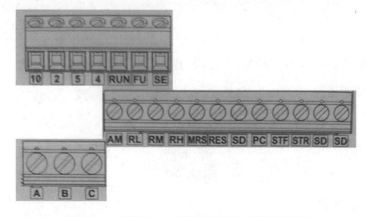

图 3-1-9　三菱 E740 变频器控制电路端子的排列

5. 控制电路端子介绍

三菱 E740 变频器控制电路端子名称如表 3-1-4 所示。

表 3-1-4　三菱 E740 变频器控制电路端子名称表

类型	端子记号	端子名称	类型	端子记号	端子名称
输入信号	STF	正转启动	模拟频率设定	10	频率设定用电源
	STR	反转启动		2	频率设定(电压)
	RH、RM、RL	多段速度选择		4	频率设定(电流)
	MRS	输出停止		5	频率设定公共端子
	RES	复位			
	SD	公共输入端子(漏型)			

学习三菱 FR-E740 变频器接线端子的微课如下。

 线上学习资源

❓ 引导问题 4：三菱 E740 变频器电源输入端子在哪里？如何连接三相异步电动机？

(1) 写出三菱 E740 变频器电源输入端子的符号。

_____

_____

_____

(2) 写出三菱 E740 变频器连接三相异步电动机的符号及方法？

_____

_____

_____

学习减速电机及亚龙 YL-235A 交流减速电动机的微课如下。

 线上学习资源

📖 线下学习资料

三菱 E740 变频器的基本操作如图 3-1-10 所示。

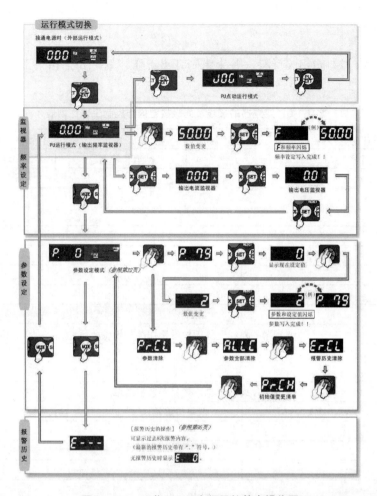

图 3-1-10　三菱 E740 变频器的基本操作图

? 引导问题 5：三菱 E740 变频器如何实现三相异步电动机点动控制？如何操作？

写出三菱 E740 变频器点动控制的步骤。

_____

_____

_____

? 引导问题 6：三菱 E740 变频器如何通过面板按钮调速，实现三相异步电动机的启动停止操作？

写出三菱 E740 变频器通过按钮调速，实现启动停止控制的步骤。

_____

_____

_____

工作计划

按照前面收集到的相关资料，各小组制订出工作计划，并把相关工作计划内容填入表 3-1-5 中。

表 3-1-5 变频器的接线及面板按键操作控制工作计划表

典型工作任务				
工作小组		组长签名		
典型工作过程描述				
任务分工				
序号	工作步骤	注意事项	负责人	备注
变频器的接线及面板按键操作控制步骤分析				
仪表、工具、耗材和器材清单				
序号	名称	型号与规格	单位	数量
计划评价				
组长签字		教师签字		
计划评价				

注：此表仅为模板，可扫描教学表单二维码下载教学表单，根据具体情况进行修改、打印。

❓ 引导问题 1：结合中级维修电工控制要求与现场情况，画出变频器主电路接线图。

❓ 引导问题 2：结合中级维修电工控制要求及引导问题 1 写出变频器的操作步骤。

◉ 完成决策

　　各组派代表阐述设计方案并对其他的设计方案提出自己不同的看法；教师结合大家完成的情况进行点评，选出最佳方案，完成表 3-1-6 中的内容。

表 3-1-6　变频器的接线及面板按键操作控制任务决策表

典型工作任务					
计划对比					
序号	计划的可行性	计划的经济性	计划的安全性	计划的实施难度	综合评价
1					
2					
3					
决策分析 与评价	班级		组长签字		第＿＿＿组
	教师签字		日期		

注：此表仅为模板，可扫描教学表单二维码下载教学表单，根据具体情况进行修改、打印。

◉ 工作实施

　　综合决策方案，按照工作任务及工作计划写出工作思路和工作步骤并填入表 3-1-7 中。

表 3-1-7　变频器的接线及面板按键操作控制任务实施表

典型工作任务		
任务实施		
序号	输入输出硬件调试与程序调试步骤	注意事项
实施说明		
实施评价	班级		组长签字		第＿＿＿组
	教师签字		日期		

注：此表仅为模板，可扫描教学表单二维码下载教学表单，根据具体情况进行修改、打印。

👍 **评价反馈**

工作实施完成后，各组代表展示本任务的作品，介绍本任务的完成过程。学生通过扫描线上评价表单二维码完成学生自评表和学生互评表，教师和企业人员扫描线上评价表单二维码分别完成教师评价表、企业专家评价表。

 线上评价表单

 教学表单

学习情境二　变频器常用参数的设置及端子控制

💬 **学习情境描述**

在学习场景一的学习情境二中，利用交流接触器控制三相异步电动机实现正反转，但是电动机的速度是固定的，不能随环境变化而调节速度，这就造成很大的能源浪费。随着时代的变化和要求，需要更节能的设备，变频器的出现就能实现节能。

某企业安装的换气扇，为实现节能，现需要利用 PLC 与变频器实现换气扇的正反转连续运行的控制。同时还需要对变频器的参数进行设置，如图 3-2-1 所示。

图 3-2-1　变频器参数设置

⚙ **学习目标**

通过分析变频器参数设置操作的情境任务，用不同的方式方法获取信息，然后制订学习计划、完成决策、实施计划，最后进行多方评价，就可以完成如表 3-2-1 所示的学习目标。

表 3-2-1　变频器常用参数的设置及端子控制学习目标

知识目标	技能目标	素养目标
1. 掌握变频器 PU 模式的操作运行方法。 2. 掌握变频器 PU 模式下运行正反转调速曲线的操作方法。 3. 掌握变频器外部操作模式下的接线方法。 4. 掌握变频器外部操作模式下的操作运行方法。 5. 掌握变频器外部操作模式下运行正反转调速曲线的操作方法	1. 能绘制鼓风机 PLC 控制线路图、布置图和接线图。 2. 能完成常用按钮、接触器、热继电器的检测与安装。 3. 掌握 PLC 接线图的绘制及线路的安装方法、步骤及工艺要求，能根据工作任务要求安装、调试、运行和维修变频器控制线路	1. 树立安全意识，养成安全文明的生产习惯。 2. 培养团结协作的职业素养，树立勤俭节约、物尽其用的意识。 3. 培养分析及解决问题的能力，鼓励读者结合实际生产需要，对客观问题进行分析，并提出解决方案

工作任务书及分析

　　PU 模式操作就是参数单元操作方式，不需要控制端子的接线，只使用操作面板上的操作按键来实现对电动机的启停和正反转控制，是变频器的基本运行方式之一。掌握用参数单元操作控制变频器运行，是学习变频器使用的基本操作之一。我们利用亚龙 YL-235A 实训平台进行模拟仿真，如图 3-2-2 所示为该装置的电气原理图，图 3-2-3 所示为该装置的实物连接图。

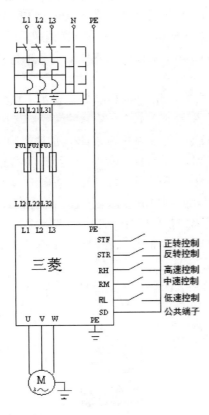

图 3-2-2　三菱 E740 变频器 PLC 控制电气原理图

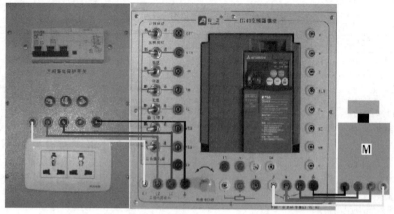

图 3-2-3　YL-235A 实训装置 E740 变频器实物连接图

1. 技术要求

设置上限频率为 50 Hz，下限频率为 0 Hz，加速时间为 1.5 s，减速时间为 3 s，启动频率为 5 Hz，在 PU 模式下运行，运行频率为 42 Hz。

2. 控制要求

(1) 调节变频器，使电动机正转运行，设置运行频率分别为 20 Hz、60 Hz，面板监视器显示输出频率。反转运行时，设置运行频率为 35 Hz，面板监视器显示输出电流。

(2) 运行时，可以用设定 M 旋钮像调节音量一样调速运行。

(3) 设置上限频率为 50 Hz，下限频率为 5 Hz，加速时间为 8 s，减速时间为 5 s，启动频率为 5 Hz，试在 PU 模式下运行。

(4) 设开关闭合用"1"表示，开关断开用"0"表示。观察 STF、STR 处于不同状态时电动机的运行状态。

(5) 设置上限频率为 50 Hz，下限频率为 5 Hz，加速时间为 8 s，减速时间为 5 s，启动频率为 5 Hz。进行外部操作时，以 42 Hz 频率正转运行，以 35 Hz 频率反转运行。

(6) 设置上限频率为 50 Hz，下限频率为 5 Hz，加速时间为 8 s，减速时间为 5 s，启动频率为 5 Hz。进行外部操作时，使用高速、中速、低速(RH、RM、RL)信号实现频率设定，使电动机运行频率分别为 45 Hz、35 Hz、2 Hz 正转运行。

(7) 将参数 Pr.79 分别设置为 0、1、2，在"频率设定"监视界面中，按 PU/EXT 按键进行切换，并且观察实验结果。

变频器常用参数的设置及端子控制实操过程的微课如下。

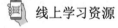 线上学习资源

任务分组

　　将学生按 4～6 人一组进行分组，明确每组的工作任务，并填写分组任务表，如表 3-2-2 所示。每组任务可以相同也可以有差异性，视任务量大小而定。

表 3-2-2　变频器常用参数的设置及端子控制分组任务表

班级			组号			指导老师	
组长			学号				
组员	姓名	学号			姓名	学号	
任务分工：							

注：此表仅为模板，可扫描教学表单二维码下载教学表单，根据具体情况进行修改、打印。

获取信息

　　认真阅读任务要求，根据本学习任务所需要掌握的内容，收集相关资料。

　　引导问题 1：三菱 E740 变频器在什么模式下设置参数？如何进入设置参数模式？ 写出设置参数的步骤。

_____

_____

_____

　　引导问题 2：三菱 E740 变频器如何快速切换运行模式？

(1)　写出三菱 E740 变频器快速切换进行模式的组合键。

_____

_____

_____

(2)　写出三菱 E740 变频器的 Pr.79 参数的功能及其各参数对应的含义？

_____

_____

_____

② 引导问题 3：三菱 E740 变频器如何恢复出厂设置？

写出三菱 E740 变频器恢复出厂设置的步骤。

_____

_____

_____

📖 线下学习资料

三菱 E740 基本操作及参数恢复出厂设定值

1. 运行模式切换

接通电源后，变频器此时的运行模式为外部运行模式。通过操作面板上的 PU/EXT 按键进行运行模式的切换，具体操作如图 3-2-4 所示。

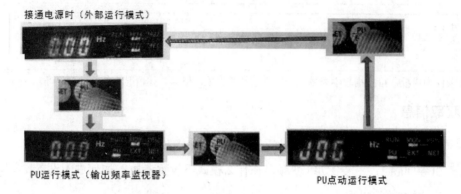

图 3-2-4 三菱 E740 运行模式切换

2. 监视器及频率设定

在 PU 运行模式下，通过操作面板上的 SET 按键切换监视器的显示内容；通过操作面板上的 M 旋钮和 SET 按键设置变频器运行时的输出频率。具体操作如图 3-2-5 所示。

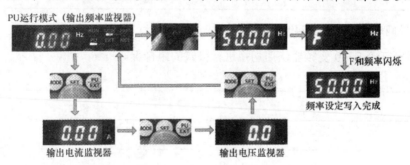

图 3-2-5 三菱 E740 监视器及频率设定

3. 参数设定

在 PU 运行模式下，通过操作面板上的 MODE、SET 按键及 M 旋钮进行参数设定，具体操作如图 3-2-6 所示。

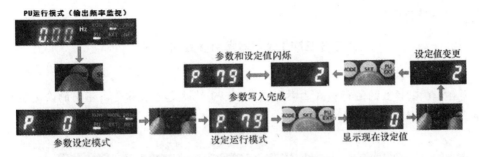

图 3-2-6 三菱 E740 参数设定

4. 恢复出厂设置

在参数设定模式下，通过操作面板上的 M 旋钮和 SET 按键进行恢复参数初始值，具体操作如图 3-2-7 所示。

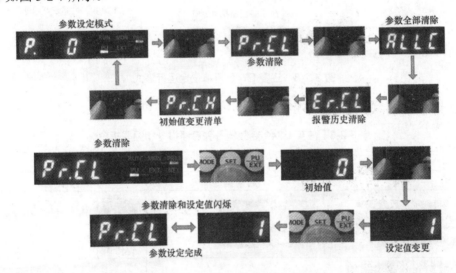

图 3-2-7 三菱 E740 恢复出厂设置

❓ 引导问题 4：三菱 E740 变频器如何设置上下限频率、三段速度频率、加/减速时间？

(1) 写出上下限频率的参数、三段速参数及加/减速时间的参数。

_____

_____

_____

(2) 写出设置下限频率的参数、三段速参数及加/减速时间的参数的操作步骤。

_____

_____

_____

线下学习资料

三菱 E740 变频器常用参数的设置

1. 简单设定运行模式

三菱 E740 变频器的运行模式由参数编号 Pr.79 的设定值来确定，不同的设定值对应不同的运行方法，简单设定运行模式如图 3-2-8 所示。

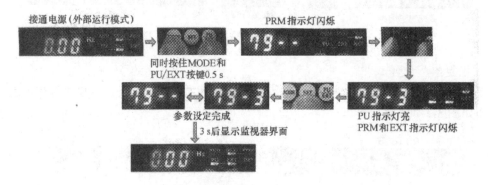

图 3-2-8　三菱 E740 简单设定运行模式

各种启停指令和频率指令组合运行模式设定如表 3-2-3 所示。

表 3-2-3　三菱 E740 变频器各种启停指令和频率指令

操作面板显示	运行模式	
	启动指令	频率指令
`79-1` PRM 和 PU 指示灯闪烁	RUN STOP RESET	旋转调节
`79-2` PRM 和 EXT 指示灯闪烁	外部(STF、STR)	外部信号输入(模拟电压输入或多段速选择)
`79-3` PRM 和 EXT 指示灯闪烁 PU 指示灯亮	外部(STF、STR)	旋转调节
`79-4` PRM 和 PU 指示灯闪烁 EXT 指示灯亮	RUN STOP RESET	外部信号输入(模拟电压输入或多段速选择)

2. 监视输出频率、输出电流和输出电压

三菱 E740 变频器运行时，在监视模式中按 SET 键可以切换输出频率、输出电流和输出电压的监视器显示，用于监视当前的输出频率、输出电流和输出电压，具体操作步骤如图 3-2-9 所示。如要改变监视器优先显示的内容，可先切换到该优先显示界面，然后按住 SET 键持续 1 s，即可将该界面显示内容设置为监视模式下最先显示的内容。

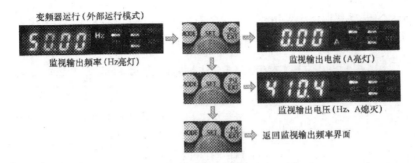

图 3-2-9　三菱 E740 变频器监视器输出设定

3. 变更参数的设定

在运行变频器前，应根据设备控制要求对变频器进行相应的参数设定，下面以变更 Pr.1 上限频率的设定值为例，介绍如何进行参数设定值的变更，具体操作如图 3-2-10 所示。

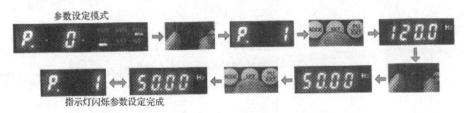

图 3-2-10　三菱 E740 变频器变更参数的设定值

进入参数设定模式后，旋转 M 旋钮可以读取其他参数；按 SET 键可以显示对应参数的设定，按两次 SET 键可以显示下一个参数。

4. 常用参数

三菱 E740 变频器常用参数一览表，如表 3-2-4 所示。

表 3-2-4　三菱 E740 变频器常用参数一览表

参数	名称	设定范围	出厂设定	用途
P1	上限频率	0～120 Hz	120 Hz	设定最大和最小输出频率
P2	下限频率	0～120 Hz	0 Hz	
P4	高速	0～400 Hz	50 Hz	三段速设定
P5	中速	0～400 Hz	30 Hz	
P6	低速	0～400 Hz	10 Hz	
P7	加速时间	0～3600 s	5 s	设定加/减速时间
P8	减速时间	0～3600 s	5 s	
P79	操作模式选择	0～4，6～8	0	0：电源投入时为外部操作，可用切换 PU 操作模式和外部操作模式； 1：PU 操作模式； 2：外部操作模式； 3：外部/PU 组合操作模式

PLC 及变频器技术应用(微课版)

5. 启动指令和频率指令设定方式

三菱 E740 变频器启动指令和频率指令设定方式选择，如表 3-2-5 所示。

表 3-2-5　三菱 E740 变频器启动指令和频率指令设定方式选择

参数编号	名称	初始值	设定值	运行模式操作方式	
79	运行模式选择	0	0	外部/PU 切换模式电源接通时为外部运行模式，通过按键可切换 PU、外部运行模式	
			1	PU 运行模式固定	
			2	外部运行模式固定，可以切换外部、网络运行模式进行运行	
			3	外部/PU 组合运行模式 1	
				启动指令	频率指令
				外部信号输入端子(端子 STF、STR)	用操作面板上的旋钮设定或外部信号输入(多段速设定)
			4	外部/PU 组合运行模式 2	
				启动指令	频率指令
				通过操作面板的按键和按键	外部信号输入(端子 2、3、多段速选择等)
			6	切换模式，可以一边继续运行状态，一边实施 PU 运行、外部运行、网络运行的切换	
			7	外部运行模式(PU 运行互锁)	

学习三菱 FR-E740 变频器多段速控制及参数的微课如下。

线上学习资源

工作计划

按照前面收集到的相关资料，各小组制订出工作计划，并把相关工作计划内容填入表 3-2-6 中。

表 3-2-6　变频器常用参数的设置及端子控制工作计划表

典型工作任务			
工作小组		组长签名	
典型工作过程描述			

续表

任务分工				
序号	工作步骤	注意事项	负责人	备注

E740 变频器端子控制工作过程分析

仪表、工具、耗材和器材清单				
序号	名称	型号与规格	单位	数量

计划评价			
组长签字		教师签字	
计划评价			

注：此表仅为模板，可扫描教学表单二维码下载教学表单，根据具体情况进行修改、打印。

❓ **引导问题 1**：结合中级维修电工控制要求与实际情况，画出变频器端子控制接线图。

❓ **引导问题 2**：结合中级维修电工控制要求、引导问题 1 的接线图和任务书技术要求及功能，简述 E740 变频器端子控制原理。

🔄 完成决策

各组派代表阐述设计方案并对其他的设计方案提出自己不同的看法；教师结合大家完成的情况进行点评，选出最佳方案，完成表 3-2-7 中的内容。

表 3-2-7   变频器常用参数的设置及端子控制任务决策表

典型工作任务					
计划对比					
序号	计划的可行性	计划的经济性	计划的安全性	计划的实施难度	综合评价
1					
2					
3					
决策分析 与评价	班级		组长签字		第____组
	教师签字		日期		

注：此表仅为模板，可扫描教学表单二维码下载教学表单，根据具体情况进行修改、打印。

工作实施

综合决策方案，按照工作任务及工作计划写出工作思路和工作步骤并填入表 3-2-8 中。

表 3-2-8   变频器常用参数的设置及端子控制任务实施表

典型工作任务			
任务实施			
序号	输入输出硬件调试与程序调试步骤		注意事项
实施说明			
实施评价	班级	组长签字	第____组
	教师签字	日期	

注：此表仅为模板，可扫描教学表单二维码下载教学表单，根据具体情况进行修改、打印。

评价反馈

工作实施完成后，各组代表展示本任务的作品，介绍本任务的完成过程。学生通过扫描线上评价表单二维码完成学生自评表和学生互评表，教师和企业人员扫描线上评价表单二维码分别完成教师评价表、企业专家评价表。

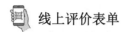

学习情境三　带指示灯监控的生产线多段速 PLC 控制

学习情境描述

　　指示灯是用于监视电路和电气设备工作或位置状态的器件。指示灯通常用于反映电路的工作状态(有电或无电)、电气设备的工作状态(运行、停运或试验)和位置状态(闭合或断开)等，如生产线警示灯，如图 3-3-1 所示。某企业安装了生产线，也安装了警示灯和指示灯，为了节约成本，现需要利用 PLC 控制警示灯和指示灯实现对传送带的输送速度情况进行监视。

图 3-3-1　生产线警示灯

学习目标

　　通过分析带指示灯监控的生产线多段速控制的情境任务，用不同的方式方法获取信息，然后制订学习计划、完成决策、实施计划，最后进行多方评价，就可以完成如表 3-3-1 所示的学习目标。

表 3-3-1　带指示灯监控的生产线多段速 PLC 控制学习目标

知识目标	技能目标	素养目标
1. 熟悉亚龙 YL-235A 系统的变频器模块及其使用方法。 2. 熟悉 YL-235A 系统的变频器控制传送带电机的原理。 3. 熟悉 YL-235A 系统的 PLC 控制变频器的方法。 4. 进一步熟悉 PLC 控制指示灯的闪烁电路梯形图	1. 能绘制亚龙 YL-235A 系统变频器、指示灯的 PLC 硬件接线图。 2. 能根据 PLC 硬件接线图完成接线。 3. 能根据任务要求编写控制变频器的 PLC 程序及其对应的灯光闪烁 PLC 程序	1. 树立安全意识，养成安全文明的生产习惯。 2. 培养团结协作的职业素养，树立勤俭节约、物尽其用的意识。 3. 培养分析及解决问题的能力，鼓励读者结合实际生产需要，对客观问题进行分析，并提出解决方案

工作任务书及分析

　　某一生产线上需要一个监视其运行状态的装置。本次任务用电工实训设备来模拟生产线运行装置,如图 3-3-2 所示为该任务的电气控制原理图,图 3-3-3 所示为控制实物图。给监控系统通电后,红色警示灯亮起,按下 SB4 按钮系统正常运行时,警示绿灯闪亮,红色警示灯熄灭,按下 SB5 按钮系统停止时,警示红灯闪亮,系统传送机的速度通过 HL1、HL2、HL3 指示灯进行监控。

　　具体要求如下。

　　(1) 第一次按下 SB6 按钮,传送带以 10 Hz 的速度低速运行,警示绿灯闪亮,HL1 灯以亮 1 s、灭 1 s 的规律闪烁,表示传送带正在低速运行,生产速度慢。

　　(2) 第二次按下 SB6 按钮,传送带以 25 Hz 的速度中速运行,警示绿灯闪亮,HL2 灯以亮 0.5 s、灭 1 s 的规律闪烁,表示传送带正在中速运行,生产速度适中。

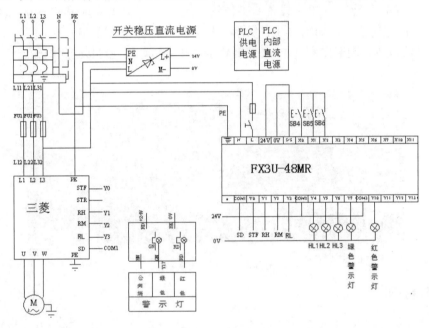

图 3-3-2　带指示灯监控的生产线多段速 PLC 控制电气原理图

图 3-3-3　带指示灯监控的生产线多段速 PLC 控制实物图

(3) 第三次按下 SB6 按钮，传送带以 40 Hz 的速度高速运行，警示绿灯闪亮，HL3 灯以 1 Hz(即亮 0.5 s、灭 0.5 s)的规律闪亮，表示传送带正在高速运行，且属于危险状态。

(4) 第四次按下 SB6 按钮，传送带将回到第一次的状态，如此循环，直到按下 SB5 停止按钮。

带指示灯监控的生产线多段速 PLC 控制设计及调试过程的微课如下。

 线上学习资源

 任务分组

将学生按 4~6 人一组进行分组，明确每组的工作任务，并填写分组任务表，如表 3-3-2 所示。每组任务可以相同也可以有差异性，视任务量大小而定。

表 3-3-2　带指示灯监控的生产线多段速 PLC 控制分组任务表

班级			组号		指导老师	
组长			学号			
组员	姓名		学号	姓名		学号
任务分工：						

注：此表仅为模板，可扫描教学表单二维码下载教学表单，根据具体情况进行修改、打印。

 获取信息

认真阅读任务要求，根据本学习任务所需要掌握的内容，收集相关资料。

? 引导问题 1：E740 变频器如何实现多段速控制？

(1) 写出 E740 变频器多段速控制端子，简述各个端子的功能。

_____

_____

_____

(2) 写出 E740 变频器多段速控制端子对应的参数及参数的出厂设定值。

_____

_____

_____

学习三菱 FR-E740 变频器多段速控制及参数的微课如下。

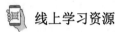 线上学习资源

📖 线下学习资料

　　PLC 对变频器的控制主要有以下几种方式：一是通过对变频器的 RH(高速端)、RM(中速端)和 RL(低速端)进行多段速控制，向外提供可满足设备加工需要的多级转速。二是通过频率一定的数量可变的脉冲序列输出指令 PLAY，以及脉宽可调的脉冲序列输出指令 PWM 在变频器控制中可实现平滑调速。三是通过通信端口实现 PLC 与变频器间的通信，利用通信端口实施运行参数的设置和实现对变频器的控制。第一种多段速控制，是通过在 PLC 与变频器间进行简单的连接，利用 PLC 的输出端口对变频器相应的控制端输出有效的开关信号。第二种需要额外的数模(D/A)转换接口电路或 PLC 扩充功能模块来实现。第三种则需要在 PLC 基本单元上安装 RS485 通信扩展板卡，并通过变频器 RS-485 通信口进行通信连接。

　　三菱 E740 变频器可以通过开关信号，发出启动指令和频率指令，实现多段速的控制。图 3-3-4 所示为开关信号图，图 3-3-5 所示为开关信号对应的速度图。

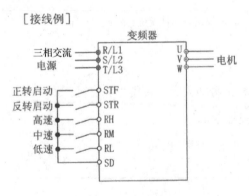

图 3-3-4　开关信号图

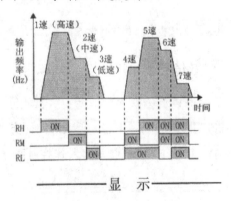

图 3-3-5　开关信号对应的速度图

❓ 引导问题 2：E740 变频器如何与 PLC 连接实现多段速控制？

(1) 结合带指示灯监控的多段速 PLC 控制接线图，写出 PLC 输出信号如何控制 E740

变频器三段速。

_____

_____

_____

(2) E740 变频器的第 4 到第 7 种速度对应哪些参数？如何设定？

_____

_____

_____

⏱ 工作计划

按照前面收集到的相关资料，各小组制订出工作计划，并把相关工作计划内容填入表 3-3-3 中。

表 3-3-3　带指示灯监控的生产线多段速 PLC 控制工作计划表

典型工作任务				
工作小组		组长签名		
典型工作过程描述				
任务分工				
序号	工作步骤	注意事项	负责人	备注
带指示灯监控的生产线多段速 PLC 控制工作原理分析				
仪表、工具、耗材和器材清单				
序号	名称	型号与规格	单位	数量
计划评价				
组长签字		教师签字		
计划评价				

注：此表仅为模板，可扫描教学表单二维码下载教学表单，根据具体情况进行修改、打印。

[?] 引导问题 1：结合中级维修电工控制要求及实际现场，画出带指示灯监控生产线多段速 PLC 控制线路接线图。

[?] 引导问题 2：结合中级维修电工控制要求、引导问题 1 的接线图和任务书技术要求及功能，画出梯形图。

完成决策

各组派代表阐述设计方案并对其他的设计方案提出自己不同的看法；教师结合大家完成的情况进行点评，选出最佳方案，完成表 3-3-4 中的内容。

表 3-3-4　带指示灯监控的生产线多段速 PLC 控制任务决策表

典型工作任务					
计划对比					
序号	计划的可行性	计划的经济性	计划的安全性	计划的实施难度	综合评价
1					
2					
3					
决策分析与评价	班级		组长签字		第＿＿组
	教师签字		日期		

注：此表仅为模板，可扫描教学表单二维码下载教学表单，根据具体情况进行修改、打印。

工作实施

综合决策方案，按照工作任务及工作计划写出工作思路和工作步骤并填入表 3-3-5 中。

表 3-3-5　带指示灯监控的生产线多段速 PLC 控制任务实施表

典型工作任务		
任务实施		
序号	输入输出硬件调试与程序调试步骤	注意事项

续表

实施说明					
实施评价	班级		组长签字		第___组
	教师签字		日期		

注：此表仅为模板，可扫描教学表单二维码下载教学表单，根据具体情况进行修改、打印。

 评价反馈

　　工作实施完成后，各组代表展示本任务的作品，介绍本任务的完成过程。学生通过扫描线上评价表单二维码完成学生自评表和学生互评表，教师和企业人员扫描线上评价表单二维码分别完成教师评价表、企业专家评价表。

 线上评价表单　　　　　　　　　　 教学表单

 考证热点

一、选择题

1. 三菱变频器控制电路接线 STR 端子为(　　)。
　　A. 正转启动　　　　B. 反转启动　　　C. 高速　　　　D. 中速

2. 三菱变频器控制电路接线 RM 端子为(　　)。
　　A. 正转启动　　　　B. 低速　　　　　C. 高速　　　　D. 中速

3. 三菱变频器接点输入端子的公共端子为(　　)。
　　A. SD　　　　　　　B. COM　　　　　C. PC　　　　　D. RES

4. 三菱变频器控制端子号 L1、L2、L3 的名称是(　　)。
　　A. 变频器输出　　　　　　　　　　B. 电源输入
　　C. 连接制动电阻器　　　　　　　　D. 接地

5. 三菱变频器控制端子号 U、V、W 的名称是(　　)。
　　A. 变频器输出　　　　　　　　　　B. 电源输入
　　C. 连接制动电阻器　　　　　　　　D. 接地

6. 三菱 740 型变频器操作面板上的 PU/EXT 键为(　　)。
　　A. 启动键　　　　　B. 模式切换键　　C. 设定键　　　D. M 旋钮

7. 三菱 E740 变频器操作面板上的模式键为(　　)。
　　A. MODE　　　　　B. RUN　　　　　D. SET　　　　D. REV

8. 三菱 E740 变频器操作面板上运行指示显示为 PRM 时，表示(　　)显示。

    A. 电流　　　　　　　B. 频率　　　　　　　C. 电压　　　　　　　D. 参数设定状态

9. 三菱 E740 变频器操作面板上运行指示显示为 MON 时，表示(　　)显示。

    A. PU 操作模式　　　B. 外部操作模式　　　C. 监视状态　　　　　D. 停止模式

10. 三菱 E740 变频器的参数 P2 表示(　　)。

    A. 上限频率　　　　　B. 下限频率　　　　　C. 加速时间　　　　　D. 减速时间

11. 正弦波脉冲宽度调制英文缩写是(　　)。

    A. PWM　　　　　　　B. PAM　　　　　　　C. SPWM　　　　　　D. SPAM

12. 三相异步电动机的转速除了与电源频率、转差率有关，还与(　　)有关系。

    A. 磁极数　　　　　　B. 磁极对数　　　　　C. 磁感应强度　　　　D. 磁场强度

13. 目前，在中小型变频器中普遍采用的电力电子器件是(　　)。

    A. SCR　　　　　　　B. GTO　　　　　　　C. MOSFET　　　　　D. IGBT

14. 变频器主电路由整流及滤波电路、(　　)和制动单元组成。

    A. 稳压电路　　　　　B. 逆变电路　　　　　C. 控制电路　　　　　D. 放大电路

15. 变频器是一种(　　)装置。

    A. 驱动直流电机　　　B. 电源变换　　　　　C. 滤波　　　　　　　D. 驱动步进电机

16. 三菱变频器 STOP 键表示(　　)。

    A. 帮助键　　　　　　B. 停止键　　　　　　C. 写入键　　　　　　D. 读出键

17. 三菱 FR-E740 系列变频器 SET 键表示(　　)。

    A. 帮助键　　　　　　B. 停止键　　　　　　C. 设置键　　　　　　D. 读出键

18. 三菱变频器的操作模式包括(　　)模式。

    A. PU 和内部操作　　　　　　　　　　　　B. PU 和外部操作

    C. 内部和外部操作　　　　　　　　　　　D. 以上都是

19. 维修电工在操作中，特别要注意(　　)问题。

    A. 安全文明生产行为　　　　　　　　　　B. 戴好安全防护用品

    C. 安全事故的防范　　　　　　　　　　　D. 带电作业

20. 职业道德是指从事一定职业劳动的人们，在长期的职业活动中形成的(　　)。

    A. 行为规范　　　　　B. 操作程序　　　　　C. 劳动技能　　　　　D. 思维习惯

二、判断题

1. 变频器能实现对交流异步电动机的启动、调速控制，并具有过流、过压、过载等保护功能。　　　　　　　　　　　　　　　　　　　　　　　　　　　　　　　　　　(　　)

2. 三菱 E740 变频器控制端子号 L1、L2、L3 的名称是变频器的输入端子。　(　　)

3. 三菱 E740 变频器控制端子号 U、V、W 的名称是变频器的输出端子。　(　　)

4. 三菱 E740 变频器控制电路接线 STF 端子为正转启动端子。　　　　　　(　　)

5. 三菱 E740 变频器控制电路接线 SD 端子为公共输入端子。　　　　　　　(　　)

6. 三菱 E740 变频器的参数 P5 表示高速。　　　　　　　　　　　　　　　(　　)

7. 三菱 E740 变频器操作面板上运行指示显示为 Hz，表示显示数字为频率。　(　　)

8. 三菱 E740 变频操作面板上运行指示显示为 A、表示显示数字为电压。　　(　　)

9. 三菱 FR-A500 系列变频器上限频率设定值要与电机额定设定值相等。 （ ）

10. 三菱 FR-A500 系列变频器上限频率设定值在我国一般要设定为 50 Hz。 （ ）

11. 对人体不会引起生命危险的电压叫安全电压。 （ ）

12. 职业道德对企业起到增强竞争力的作用。 （ ）

13. 三相四线制电源，其中线上一般不装保险丝及开关。 （ ）

14. 三相异步电动机的转速除了与电源的频率、转差率有关，还与磁对数有关。（ ）

15. 把直流变交流的电路称为变频电路。 （ ）

16. 三菱变频器操作面板上的 MODE 键可用于操作或设定模式。 （ ）

17. FR-E740 三菱变频器在有正反转的情况下，最多可以出现 7 种转速。 （ ）

18. 在接触器联锁正反转控制线路中，正、反转接触器有时可以同时闭合。 （ ）

三、简答题

1. 简述变频器的基本工作原理。

2. 简述三菱 E740 变频器的参数 P79 的功能。

3. 如何将三菱 E740 变频器恢复到出厂设置？

学习场景四 生产线物料识别与分拣系统 PLC 控制

场景介绍

生产线物料识别与分拣系统是一种典型的自动化工业生产过程控制，如图 4 所示，它结合了传感器、气动装置、PLC 控制器和计算机技术等，实现对不同材料进行自动分选和归类。其具有自动化程度高、运行稳定、精度高、易控制等特点，可以根据不同的对象进行稍加修改即可实现要求。它广泛应用于机械、电子、食品、医药等行业，可以提高生产效率，降低劳动成本，保证产品质量。

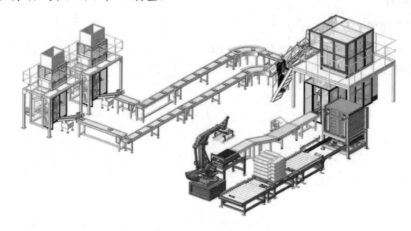

图 4　自动化生产线

本学习场景通过四个学习情境讲解自动化生产线的传感器、气动装置等知识，以及如何通过 PLC 控制完成生产线的各项功能。

学习情境一 物料传送与工件检测 PLC 控制

📑 学习情境描述

输送带是胶带运输机的主要部件，起承载物料的作用，它广泛用于钢铁、煤炭、合金、化工、建材、粮食等行业。在输送带上安装工件识别传感器，如图 4-1-1 所示，可以用于工件的识别，进行控制输送带。

某企业已经安装好一条物料传送带对生产工件进行传送，该传送带除了具有工件传送功能外，还可以对传送的工件进行识别检测。现需要对该传送带的传送功能、工件识别功能设计 PLC

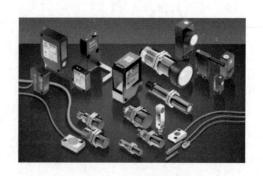

图 4-1-1　工件识别传感器

控制程序。

⚙ 学习目标

通过分析物料传送与工件检测控制的情境任务，用不同的方式方法获取信息，然后制订学习计划、完成决策、实施计划，最后进行多方评价，就可以完成如表 4-1-1 所示的学习目标。

表 4-1-1　物料传送与工件检测 PLC 控制学习目标

知识目标	技能目标	素养目标
1. 熟悉电感传感器、电容传感器、光电传感器、光纤传感器、磁性开关的工作原理、电气符号、结构特点及检测范围。 2 熟悉 PLC 编程中所涉及的传感器的检测及使用方法，了解常见设备中传感器的功能及控制方法。 3. 熟悉亚龙 YL-235A 传送系统的各部分部件的传感器和作用，以及 PLC 编程的方法	1. 掌握亚龙 YL-235A 传送系统的各部分部件的传感器及作用。 2. 能绘制常用传感器的电气符号。 3. 能绘制亚龙 YL-235A 传送系统的 PLC 硬件接线图。 4. 能根据亚龙 YL-235A 传送系统的 PLC 硬件接线图，连接电路。 5. 能根据亚龙 YL-235A 传送系统的功能，编写相应的 PLC 程序，并能下载调试	1. 树立安全意识，养成安全文明的生产习惯。 2. 培养团结协作的职业素养，树立勤俭节约、物尽其用的意识。 3. 培养分析及解决问题的能力，鼓励读者结合实际生产需要，对客观问题进行分析，并提出解决方案

🗂 工作任务书及分析

某生产线加工三种材质的工件分别为金属、白色塑料和黑色塑料，在该生产线的传送带上安装有工件检测装置，如图 4-1-2 所示，用以检测这三种工件，该装置的 PLC 控制电气原理图如图 4-1-3 所示。接通电源，红色警示灯闪亮，按下启动按钮 SB4 时，设备启动，绿色警示灯闪亮，红色警示灯熄灭。开始工件检测，传送带以 10 Hz 的频率运行，此时可以从落料口放入工件，当传送带上的落料口检测到有工件时，输送皮带以 20 Hz 的频率从落料口向三相电动机方向运行，将工件输送到检测位置，相应检测位置检测出工件的材质时，皮带输送机停止运行，直到皮带输送机上的工件被取走后以 15 Hz 的频率从落料口向三相电动机方向运行 10 s，准备下一个工件的检测。

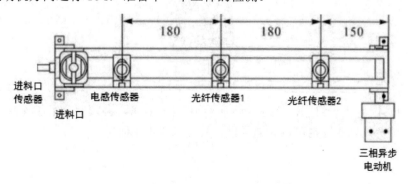

图 4-1-2　物料传送与工件检测装置

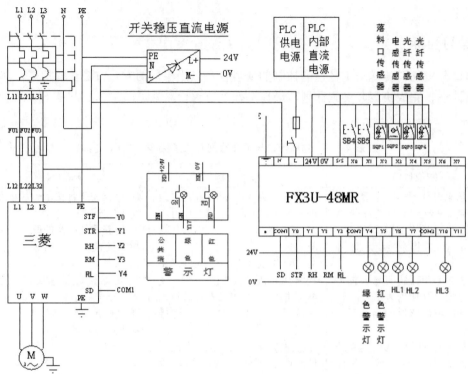

图 4-1-3　物料传送与工件检测 PLC 控制电气原理图

　　当检测出工件材质后，用不同指示灯的发光表明不同的材质。检测到金属时，HL1 灯亮起，取走后，HL1 灯熄灭；检测到白色塑料时，HL2 灯亮起，取走后，HL2 灯熄灭；检测到黑色塑料时，HL3 灯亮起，取走后，HL3 灯熄灭。

　　当按下停止按钮 SB5 后，设备在检测完当前工件后才停止工作。工件识别装置的输入和输出回路都要有电源指示。

　　物料传送与工件检测 PLC 控制设计及调试过程的微课如下。

 线上学习资源

　　任务分组

　　将学生按 4~6 人一组进行分组，明确每组的工作任务，并填写分组任务表，如表 4-1-2 所示。每组任务可以相同也可以有差异性，视任务量大小而定。

表 4-1-2　物料传送与工件检测 PLC 控制分组任务表

班级		组号		指导老师	
组长		学号			
组员	姓名	学号	姓名	学号	
任务分工:					

注: 此表仅为模板,可扫描教学表单二维码下载教学表单,根据具体情况进行修改、打印。

获取信息

认真阅读任务要求,根据本学习任务所需要掌握的内容,收集相关资料。

? 引导问题 1: 什么是传感器? 常用传感器有哪些?

(1) 写出传感器有哪些作用。

_____

_____

_____

(2) 写出传感器的分类以及一些常用的传感器。

_____

_____

学习传感器的基本知识的微课如下。

 线上学习资源

线下学习资料

传感器的基本知识

传感器是指能感受到被测量物体的信息,并按照一定的规律将其转换成可用于输出信号的器件或装置。

1. 传感器的分类

传感器的种类繁多、功能各异。由于同一被测物体可以用不同的转换原理实现探测。利用同一种物理法则、化学反应或生物效应可制作出检测不同被测物体的传感器。而功能大同小异的同一类传感器可用于不同的技术领域，因此传感器有不同的分类方法。具体分类如表 4-1-3 所示。

表 4-1-3　传感器的分类

分类方法	传感器的种类	说明
按依据的效应分类	物理传感器	基于物理效应(光、电、声、磁、热)
	化学传感器	基于化学效应(吸附、选择性化学分析)
	生物传感器	基于生物效应(酶、抗体、激素等分子识别和选择功能)
按输入量分类	位移传感器、速度传感器、温度传感器、压力传感器、气体成分传感器、浓度传感器等	传感器以被测量的物理量名称命名
按工作原理分类	应变传感器、电容传感器、电感传感器、电磁传感器、压电传感器、热电传感器等	传感器以工作原理命名
按输出信号分类	模拟式传感器	输出为模拟量
	数字式传感器	输出为数字量
按能量关系分类	能量转换型传感器	直接将被测量的能量转换为输出量的能量
	能量控制型传感器	由外部供给传感器能量，而由被测量的能量控制输出量的能量
按是利用场的定律还是利用物质的定律分类	结构型传感器	通过敏感元件几何结构参数的变化实现信息转换
	物性型传感器	通过敏感元件材料物理性质的变化实现信息转换
按是否依靠外加能源分类	有源传感器	传感器工作时需外加电源
	无源传感器	传感器工作时无需外加电源
按使用的敏感材料分类	半导体传感器、光纤传感器、陶瓷传感器、金属传感器、高分子材料传感器、复合材料传感器等	传感器以使用的敏感材料命名

2. 传感器的结构和符号

1) 传感器的结构

传感器通常由敏感元件、转换元件及转换电路组成。敏感元件是指传感器中能直接感受(或响应)被测量的部分；转换元件是指能将感受到的非电量直接转换成电信号的器件或元件；转换电路是指对电信号进行选择、分析、放大，并转换为需要的输出信号等的信号处理电路。尽管各种传感器的组成部分大体相同，但不同种类的传感器的外形结构都不尽相同，一些机电一体化设备常用传感器的外形如图 4-1-4 所示。

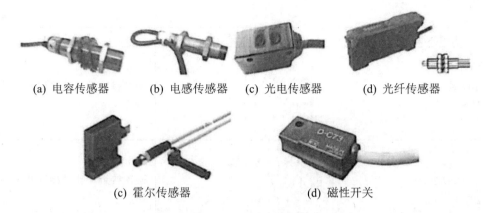

(a) 电容传感器　　(b) 电感传感器　(c) 光电传感器　　(d) 光纤传感器

(c) 霍尔传感器　　　　　　(d) 磁性开关

图 4-1-4　机电一体化设备常用传感器的外形

2)　传感器的图形符号

　　不同种类的传感器的图形符号也有一些差别，根据其结构和使用电源种类的不同，有直流两线制、直流三线制、直流四线制、交流两线制和交流三线制传感器。如表 4-1-4 所示列出了部分传感器的图形符号。

表 4-1-4　部分传感器的图形符号

引用标准和编号	图形符号	说明及使用
GB/T4728.7- 2000 07-19-01		接近传感器
GB/T4728.7- 2000 07-19-02 07-19-03		接近传感器器件方框符号，操作方法可以表示出来。 示例：固体材料接近时改变。电容的接近检测器
GB/T4728.7- 2000 07-19-04		接触传感器
GB/T4728. 7- 2000 07-20-01		接触敏感开关动合触点
GB/T4728.7- 2000 07-20-02		接近开关动合触点

引用标准和编号	图形符号	说明及使用
GB/T4728.7-2000 07- 20-03		磁铁接近动作的接近开关动合触点
GB/T4728.7-2000 07- 20-04		磁铁接近动作的接近开关动断触点
※		光电开关动合触点(光纤传感器借用此符号，组委会指定)

3. 传感器的工作原理

1) 电容传感器的工作原理

电容传感器的感应面由两个同轴金属电极构成，就像"打开的"电容器电极。这两个电极构成一个电容，串接在 RC 振荡回路内。电源接通后，当电极附近没有物体时，电容器容量小，不能满足振荡条件，RC 振荡器不振荡；当有物体朝着电容器的电极靠近时，电容器的容量增加，振荡器开始振荡。通过后级电路的处理，将不振荡和振荡两种信号转换成开关信号，从而实现了检测有无物体接近的目标。这种传感器既能检测金属物体，又能检测非金属物体。它对金属物体可以获得最大的动作距离，而对非金属物体，动作距离的决定因素之一是材料的介电常数。材料的介电常数越大，可获得的动作距离越大。材料的面积对动作距离也有一定影响。大多数电容传感器的动作距离都可通过其内部的电位器进行调节、设定。

2) 光电传感器(光电开关)

光电传感器是通过把光强度的变化转换成电信号的变化来实现检测的。光电传感器在一般情况下由发射器、接收器和检测电路三部分构成。发射器对准物体发射光束，发射的光束一般来源于发光二极管和激光二极管等半导体光源。光束不间断地发射，或者改变脉冲宽度。接收器由光电二极管或光电三极管组成，用于接收发射器发出的光线。检测电路用于滤出有效信号。常用的光电传感器又可分为漫反射式、反射式、对射式等几种，它们中大多数的动作距离都可以调节。

(1) 漫反射式光电传感器

漫反射式光电传感器是集发射器与接收器于一体，在前方无物体时发射器发出的光不会被接收器接收到，开关不动作，如图 4-1-5(a)所示。当前方有物体时，接收器就能接收到物体反射回来的部分光线，通过检测电路产生电信号输出使开关动作，如图 4-1-5(b)所示。漫反射式光电传感器的有效作用距离是由目标的反射能力决定的，即由目标表面的性质和颜色决定。

(2) 反射式光电传感器

反射式光电传感器也是集发射器与接收器于一体，与漫反射式光电传感器不同的是其前方装有一块反射板。当反射板与发射器之间没有物体遮挡时，接收器可以接收到光线，开关不动作，如图 4-1-6(a)所示。当被测物体遮挡住反射板时，接收器无法接收到发射器发出的光线，传感器产生输出，开关动作，如图 4-1-6(b)所示。这种光电传感器可以辨别不透明的物体，借助反射镜部件，形成较大的有效距离范围，且不易受干扰，可以可靠地用于野外或者粉尘污染较严重的环境中。

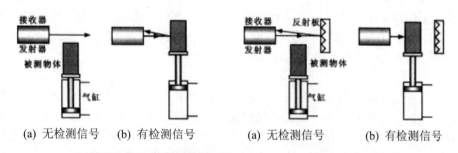

(a) 无检测信号 (b) 有检测信号   (a) 无检测信号   (b) 有检测信号

图 4-1-5 漫反射式光电传感器工作原理示意图   图 4-1-6 反射式光电传感器工作原理示意图

(3) 对射式光电传感器

对射式光电传感器的发射器和接收器是分离的。在发射器与接收器之间如果没有物体遮挡，发射器发出的光线能被接收器接收到，开关不动作，如图 4-1-7(a)所示。当有物体遮挡时，接收器接收不到发射器发出的光线，传感器产生输出信号，开关动作，如图 4-1-7(b)所示。这种光电传感器能辨别不透明的反光物体，有效距离大。因为发射器发出的光束只跨越感应距离一次，所以不易受干扰，可以可靠地用于野外或者粉尘污染较严重的环境中。

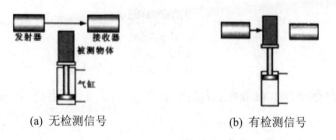

(a) 无检测信号   (b) 有检测信号

图 4-1-7 对射式光电传感器工作原理示意图

(4) 光纤式光电传感器

光纤式光电传感器又称光电传感器，它利用光导纤维进行信号传输。光导纤维是利用光的完全内反射原理传输光波的一种介质，它由高折射率的纤芯和包层组成。包层的折射率小于纤芯的折射率，直径为 0.1～0.2 mm。当光线通过端面透入纤芯，在到达与包层的交界面时，由于光线的完全内反射，光线反射回纤芯层。这样经过不断地反射，光线就能沿着纤芯向前传播且只有很小的衰减。光纤式光电传感器就是把发射器发出的光线用光导纤维引导到检测点，再把检测到的光信号用光纤引导到接收器来实现检测的。按动作方式的不同，光纤传感器也可分为对射式、漫反射式等多种类型。光纤传感器可以实现被检测

物体在较远区域的检测。由于光纤损耗和光纤色散的存在,在长距离光纤传输系统中,必须在线路适当位置设立中级放大器,以对衰减和失真的光脉冲信号进行处理及放大。

3) 磁感应式传感器

磁感应式传感器是利用磁性物体的磁场作用来实现对物体感应的,它主要有霍尔传感器和磁性传感器两种。

(1) 霍尔传感器

当一块通有电流的金属或半导体薄片垂直地放在磁场中时,薄片的两端就会产生电位差,这种现象称为霍尔效应。霍尔元件是一种磁敏元件,用霍尔元件做成的传感器称为霍尔传感器,也称为霍尔开关。当磁性物体移近霍尔开关时,开关检测面上的霍尔元件因产生霍尔效应而使开关内部电路状态发生变化,由此识别附近有磁性物体的存在并输出信号。这种接近开关的检测对象必须是磁性物体。

(2) 磁性传感器

磁性传感器又称磁性开关,是液压与气动系统中常用的传感器。磁性开关可以直接安装在气缸缸体上,当带有磁环的活塞移动到磁性开关所在位置时,磁性开关内的两个金属簧片在磁环磁场的作用下吸合,发出信号。当活塞移开,磁场离开金属簧片,触点自动断开,信号切断。通过这种方式可以很方便地实现对气缸活塞位置的检测。

4) 传感器的电路连接

传感器的输出方式不同,电路连接也有些差异,但输出方式相同的传感器的电路连接方式相同。YL-235A 型光机电一体化实训装置使用的传感器有直流两线制和直流三线制两种。其中光电传感器、电感传感器、电容传感器、光纤传感器均为直流三线制传感器,磁性传感器为直流两线制传感器。

学习传感器的工作原理的微课如下。

 线上学习资源

 引导问题 2:亚龙 YL-235A 传送带上的检测装置是什么传感器?识别其图形符号及文字符号。

(1) 写出所用到传感器的名称及型号。

_____

_____

(2) 画出相应传感器的电气符号。

_____

_____

_____

❓ 引导问题 3：传感器如何选用？

_____

_____

_____

学习亚龙 YL-235A 中传感器的选用的微课如下。

 线上学习资源

📖 线下学习资料

亚龙 YL-235A 中传感器的选用如表 4-1-5 所示。

表 4-1-5　亚龙 YL-235A 中的传感器

名称	电感传感器	电容传感器	光电传感器	光纤传感器	磁性开关
图形符号	黑 Fe [◇] 棕 + － 蓝	黑 [◇] 棕 + － 蓝	黑 [◇] 棕 + － 蓝	黑 [◇] 棕 + － 蓝	棕 [◇] 蓝
检测功能	皮带传送机上金属物料的检测	皮带传送机上非金属物料的检测	料口物料检测	皮带传送机上金属、白色、黑色物料的识别	气缸活塞位置的检测

❓ 引导问题 4：传感器的电路如何接线？以及使用过程的注意事项有哪些？

(1) 画出二、三线传感器的接线图。

_____

_____

(2) 写出传感器使用的注意事项。

_____

_____

📖 线下学习资料

直流三线制传感器有棕色、蓝色和黑色三根连接线，其中棕色线接直流电源 "+" 极，蓝色线接直流电源 "－" 极，黑色线为信号线，接 PLC 输入端。直流两线制传感器有蓝色和棕色两根连接线。其中，蓝色线接直流电源 "－" 极，棕色线为信号线，接 PLC 输入端。具体的电路连接方式如图 4-1-8 所示。

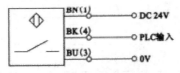

(a) 直流三线制传感器

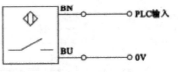

(b) 直流两线制传感器

图 4-1-8　传感器电路连接示意图

使用传感器的注意事项如下。

(1) 传感器不宜安装在阳光直射、高温、可能会结霜、有腐蚀性气体等场所。

(2) 连接导线不要和电力线使用同一配线管或配线槽，若传感器的连接导线与电力线在同一配线管内，则应使用屏蔽线。

(3) 连接导线不能过细，长度不能过长。

(4) 接通电源后要等待一定时间才能进行检测。

? 引导问题 5：光纤传感器如何拆装？

(1) 写出光纤传感器的组成部件。

_____

_____

(2) 写出光纤传感器的拆卸步骤。

_____

_____

(3) 写出光纤传感器的安装步骤。

_____

_____

(4) 写出光纤传感器的灵敏度调节方法。

_____

_____

📖 线下学习资料

(一)光纤传感器的拆装

光纤传感器由放大器单元、光纤单元和配线接插件单元三个组件组成，其安装相对电感传感器、电容传感器要复杂一些。下面分别介绍光纤传感器的三个组件的拆装。

1. 放大器单元的安装

将放大器单元插入部一侧的钩爪嵌入 DIN 导轨，压入直到挂钩完全锁定，如图 4-1-9 所示。

注意：务必将放大器单元的插入部一侧嵌入导轨进行安装，逆向安装会导致安装强度下降。

2. 放大器单元的拆卸

如图 4-1-10 所示，按箭头 1 的方向压住后，将光纤传感器的放大器单元插入部按箭头 2 的方向提，即可将放大器单元拆卸下来。

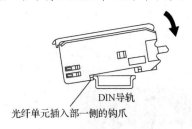

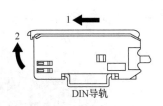

图 4-1-9　放大器单元的安装　　　　图 4-1-10　放大器单元的拆卸

3. 配线接插件单元的连接

如图 4-1-11 所示，将配线接插件单元插入放大器单元的母接插件中，直到发出 "咔" 的声音。

4. 配线接插件单元的拆卸

滑动子接插件，如图 4-1-12 所示，按下接插件的扳钮，使母/子接插件完全分离。

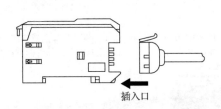

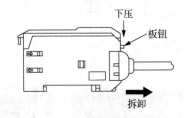

图 4-1-11　配线接插件单元的连接　　　图 4-1-12　配线接插件单元的拆卸

5. 光纤单元的安装

如图 4-1-13 所示，按箭头 1 的方向打开保护罩，按箭头 2 的方向打开锁定拨杆，按箭头 3 的方向将光纤插入放大器单元插入口并确保插到底部，再按箭头 4 的方向将锁定拨杆拨回原来位置固定住光纤单元，最后盖上保护罩。

注：光纤单元的插入位置要到位，具体位置要求如图 4-1-14 所示。如不完全插入，可能会引起检测距离下降。

6. 光纤单元的拆卸

如图 4-1-15 所示，打开保护罩，解除锁定拨杆，然后拔出光纤。

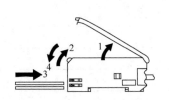

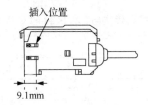

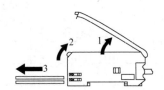

图 4-1-13　光纤单元的安装　　　图 4-1-14　光纤单元的插入位置　　　图 4-1-15　光纤单元的拆卸

(二)光纤传感器灵敏度的调节

在物料传送分拣系统中用到了两个光纤传感器。它们的放大器单元采用的是如图 4-1-16 所示的 E3X-NA11 光量条显示带旋钮设定型放大器。它带有 8 个挡位的灵敏度调节旋钮；通过定时开关可以设定开/关 40 ms 延时断电功能；利用动作模式切换开关可以进行常开输出和常闭输出的切换。这种放大器还具有电源逆接保护和输出短路保护功能。E3X-NA11 光纤传感器反射入光量与放大器入光量指示灯的关系如图 4-1-17 所示。

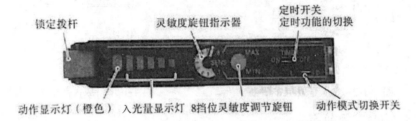

锁定拨杆　灵敏度旋钮指示器　定时开关 定时功能的切换

动作显示灯（橙色）　入光量显示灯　8挡位灵敏度调节旋钮　动作模式切换开关

图 4-1-16　　E3X-NA11 放大器面板的构成

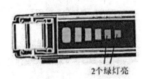

反射入光量为动作所需要光量的80%以下，无输出信号

反射入光量为动作所需光量的80%～90%，无输出信号

反射入光量为动作所需光量的90%～110%，输出信号时有时无

反射入光量为动作所需光量的110%～120%，有输出信号

反射入光量为动作所需光量的120%以上，有输出信号

图 4-1-17　　E3X-NA11 反射入光量与指示灯的关系

工作计划

按照前面收集到的相关资料，各小组制订出工作计划，并把相关工作计划内容填入表 4-1-6 中。

表 4-1-6　物料传送与工件检测 PLC 控制工作计划表

典型工作任务			
工作小组		组长签名	
典型工作过程描述			

续表

任务分工				
序号	工作步骤	注意事项	负责人	备注

物料传送与工件检测 PLC 控制工作原理分析

仪表、工具、耗材和器材清单				
序号	名称	型号与规格	单位	数量

计划评价			
组长签字		教师签字	
计划评价			

注：此表仅为模板，可扫描教学表单二维码下载教学表单，根据具体情况进行修改、打印。

引导问题 1：结合中级维修电工控制要求与实际现场，画出物料传送与工件检测的 PLC 控制线路接线图。

引导问题 2：结合中级维修电工控制要求、引导问题 1 的接线图和任务书技术要求及功能，画出梯形图。

完成决策

各组派代表阐述设计方案并对其他的设计方案提出自己不同的看法；教师结合大家完成的情况进行点评，选出最佳方案，完成表 4-1-7 中的内容。

表 4-1-7　物料传送与工件检测 PLC 控制任务决策表

典型工作任务					
计划对比					
序号	计划的可行性	计划的经济性	计划的安全性	计划的实施难度	综合评价
1					
2					
3					
决策分析 与评价	班级		组长签字		第___组
	教师签字		日期		

注：此表仅为模板，可扫描教学表单二维码下载教学表单，根据具体情况进行修改、打印。

🔄 工作实施

综合决策方案，按照工作任务及工作计划写出工作思路和工作步骤并填入表 4-1-8 中。

表 4-1-8　物料传送与工件检测 PLC 控制任务实施表

典型工作任务		
任务实施		
序号	输入输出硬件调试与程序调试步骤	注意事项
实施说明		
实施评价	班级		组长签字		第___组
	教师签字		日期		

注：此表仅为模板，可扫描教学表单二维码下载教学表单，根据具体情况进行修改、打印。

👍 评价反馈

工作实施完成后，各组代表展示本任务的作品，介绍本任务的完成过程。学生通过扫描线上评价表单二维码完成学生自评表和学生互评表，教师和企业人员扫描线上评价表单二维码分别完成教师评价表、企业专家评价表。

线上评价表单

 教学表单

学习情境二　物料传送及分拣机构 PLC 控制

学习情境描述

在生产过程中，有时需要对不同材质的材料或不同颜色、不同形状的工件进行识别及分拣，然后再将它们输送到不同的位置进行加工。能够按要求完成输送、搬运和分拣的设备，称作物料分拣设备，物料分拣一般使用各类执行气缸，如图 4-2-1 所示。

某企业已经安装好了一条输送带，该输送带具有对工件的输送、识别及分拣的功能。现需要对该传送带的传送功能、工件识别功能及工件分拣功能设计 PLC 控制程序。

图 4-2-1　各类执行气缸

学习目标

通过分析物料传送及分拣机构控制的情境任务，用不同的方式方法获取信息，然后制订学习计划、完成决策、实施计划，最后进行多方评价，就可以完成如表 4-2-1 所示的学习目标。

表 4-2-1　物料传送及分拣机构 PLC 控制学习目标

知识目标	技能目标	素养目标
1. 了解现代气动、液压技术中的执行器件的工作原理及图形符号，控制回路的组成及控制方法。 2. 熟悉亚龙 YL-235A 物料传送分拣系统的气动执行元件及图形符号，控制回路的组成及控制方法。 3. 熟悉亚龙 YL-235A 物料传送分拣系统的气动执行器件的定位传感器	1. 能说出亚龙 YL-235A 物料传送分拣系统的气动执行元件的功能。 2. 能绘制亚龙 YL-235A 物料传送分拣系统的气动执行元件的图形符号。 3. 能根据亚龙 YL-235A 物料传送分拣系统的气路图连接气管。 4. 能根据亚龙 YL-235A 物料传送分拣系统的功能编写 PLC 程序并下载调试	1. 树立安全意识，养成安全文明的生产习惯。 2. 培养团结协作的职业素养，树立勤俭节约、物尽其用的意识。 3. 培养分析及解决问题的能力，鼓励读者结合实际生产需要，对客观问题进行分析，并提出解决方案

工作任务书及分析

　　某生产线加工金属、白色塑料和黑色塑料三种工件，在该生产线的终端有一个分拣装置，如图 4-2-2 所示，将这三种工件分别送达不同的地方，该装置的电气原理图如 4-2-3 所示。接通电源，红色警示灯闪亮，按下启动按钮 SB4，设备启动，红色警示灯熄灭，绿色警示灯闪亮，开始工件的分拣。皮带输送机以 10 Hz 的频率正转运行，等待工件到来，当皮带输送机进料口检测到有工件时，输送皮带以 25 Hz 的频率正转运行，如果放在输送皮带上的物料是金属工件，则由气缸 I 推入出料斜槽 I；如果物料是白色塑料工件，则由气缸 II 推入出料斜槽 II；如果物料是黑色塑料工件，则由气缸 III 推入出料斜槽 III。在工件被推入出料斜槽、气缸活塞杆缩回后，皮带输送机以 15 Hz 的频率正转运行 5 s 后，等待下一个工件到来。按下停止按钮 SB5，设备在分拣完皮带输送机上的工件后才停止工作，红色警示灯闪亮，绿色警示灯熄灭。

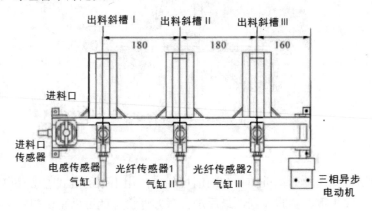

图 4-2-2　物料传送及分拣机构示意图

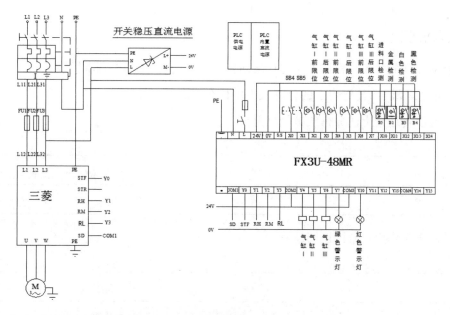

图 4-2-3　物料传送及分拣机构 PLC 控制电气原理图

物料传送及分拣机构 PLC 控制设计及调试过程的微课如下。

 线上学习资源

任务分组

将学生按 4～6 人一组进行分组，明确每组的工作任务，并填写分组任务表，如表 4-2-2 所示。每组任务可以相同也可以有差异性，视任务量大小而定。

表 4-2-2　物料传送及分拣机构 PLC 控制分组任务表

班级		组号		指导老师	
组长		学号			
组员	姓名	学号		姓名	学号
任务分工：					

注：此表仅为模板，可扫描教学表单二维码下载教学表单，根据具体情况进行修改、打印。

📱 **获取信息**

认真阅读任务要求,根据本学习任务所需要掌握的内容,收集相关资料。

❓ **引导问题 1:传送带上的分拣机构由什么组成?**

(1) 写出传送带上的分拣气缸的型号。

_____

_____

_____

(2) 画出单作用气缸的图形符号。

_____

_____

_____

❓ **引导问题 2:分拣机构的气缸是怎么控制的呢?**

(1) 写出气缸控制阀的名称。

_____

_____

_____

(2) 画出控制阀的符号。

_____

_____

_____

(3) 写出控制阀的接线方法。

_____

_____

_____

学习气动元件的基本知识的微课如下。

 线上学习资源

📖 线下学习资料

气动元件的基本知识

(一)概述

气动是"气压传动与控制"或"气动技术"的简称。气动技术是以压缩空气为工作介质进行能量传递或信号传递的工程技术，是实现各种生产控制、自动控制的手段之一。

(二)气动系统的构成

一个完整的气动系统是由能源器件、控制元件、执行元件和辅助装置等四部分组成。用规定的图形符号来表示系统中的元件、元件之间的连接、压缩气体的流动方向和系统实现的功能，这样的图形叫气动系统图或气动 M1 路图，如图 4-2-4 所示。

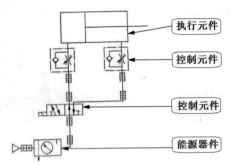

图 4-2-4　气动系统图

(三)气动系统的特点

20 世纪 80 年代以来，自动化技术得到迅速发展。自动化实现的主要方式有机械方式、电气方式、液压方式和气动方式等。与其他传动及控制方式相比，气动方式主要有以下特点。

1. 气动系统的优点

(1) 气动介质是空气，用量不受限制，压缩空气可进行远距离输送，在极端温度下仍能保证可靠工作，不需要昂贵的防爆设施，系统中泄漏出的介质不会造成污染。

(2) 气动部件结构简单，价格便宜。

(3) 具有良好的可调节性。

(4) 过载不会造成危险。

2. 气动系统的缺点

(1) 压缩空气必须经过良好的过滤和干燥，不能含有灰尘和水分等杂质。

(2) 气动执行元件的工作速度稳定性和定位性能差。

(3) 不适用于需要高速传递信号的复杂回路。

(4) 气动元件在工作时噪声较大，因此高速排气时要加消声器。

(5) 输出动力小，通常不大于 1～4 MPa。

(6) 使用空气压缩机将电能转换为压力能，执行元件将压力能转换为机械能，能量转换环节多，能量损失大，整个气动系统的效率低。

(四)空气过滤器

空气在进入气动系统前必须经过空气过滤器，以滤去其中所含的灰尘和杂质。空气过

滤器的过滤原理是根据固体物质和空气分子的大小和质量不同，利用惯性、阻隔和吸附的方法将灰尘和杂质与空气分离。空气过滤器由挡板、滤芯、滤杯等组成，如图 4-2-5 所示。空气过滤器的排放螺栓应定期打开，放掉积存的油、水和杂质。有些场合由于人工观察水位和排放不方便，可以将排放螺栓改为自动排水阀，实现自动定期排放。

(五)调压阀

调压阀的作用是调节气动系统中压缩空气的压力并保持输出压力稳定。由于调压阀的输出压力必然小于输入压力，因此调压阀也常被称为减压阀。YL-235A 型光机电一体化实训装置的调压阀如图 4-2-6 所示。

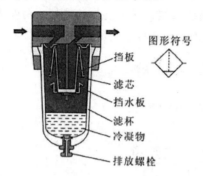
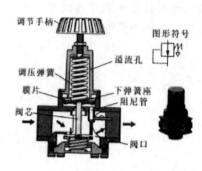

图 4-2-5 空气过滤器结构示意图及图形符号　　图 4-2-6 直动式调压阀结构示意图及实物图

(六)油雾器

油雾器是一种特殊的注油装置，它以压缩空气为动力，将特定的润滑油喷射成雾状混合于压缩空气中，并随压缩空气进入需要润滑的部位，达到润滑的目的。图 4-2-7 所示为油雾器工作原理示意图及实物图。

(七)气动三联件

油雾器、空气过滤器和调压阀组合在一起构成的气源调节装置，通常被称为气动三联件，是气动系统中常用的气源处理装置。联合使用时，其顺序应为空气过滤器、调压阀、油雾器，不能颠倒。在采用无油润滑的回路中则不需要油雾器。图 4-2-8 所示为气动三联件的实物图及图形符号。

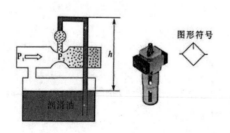
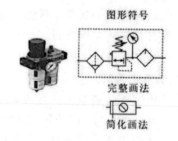

图 4-2-7 油雾器工作原理示意图及实物图　　图 4-2-8 气动三联件的实物图及图形符号

(八)执行元件

在气动系统中，将压缩空气的压力转换为工作动力的元件为执行元件。气缸是气动系统中使用最多的一种执行元件，根据使用条件、场合的不同，其结构、形状也有多种形式。

1. 单作用气缸

单作用气缸如图 4-2-9 所示，它在活塞一侧进入压缩空气推动活塞运动，使活塞杆伸出或缩回，另一侧是通过呼吸口开放在大气中的。这种气缸只能在一个方向上做功。活塞的反向运动则靠一个复位弹簧或施加外力来实现。由于压缩空气只能在一个方向上控制气缸活塞的运动，因此称为单作用气缸。

2. 双作用气缸

双作用气缸如图 4-2-10 所示，活塞的往返运动是依靠压缩空气从缸内被活塞分隔开的两个腔室(有杆腔、无杆腔)交替进入和排出来实现的，压缩空气可以在两个方向上做功。由于气缸活塞的往返运动全部靠压缩空气来完成，因此称为双作用气缸。常见气缸的外形及其图形符号如表 4-2-3 所示。

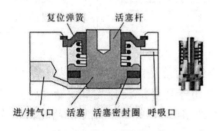

图 4-2-9　单作用气缸结构示意图及实物图　　　　图 4-2-10　双作用气缸结构示意图

表 4-2-3　常见气缸外形及其图形符号

名称	外形	图形符号	特征
单作用单出单杆气缸		不带弹簧 / 弹簧压出 / 弹簧压回	仅 1 个进气口，气缸的一侧有活塞杆伸出
双作用单出单杆气缸			气缸上有 2 个进气口，气缸的一侧有活塞杆伸出
双作用单出双杆气缸			气缸上有 2 个进气口，气缸的一侧有 2 条活塞杆伸出
双作用无杆气缸			气缸上有 2 个进气口，但没有活塞杆伸出

续表

名称	外形	图形符号	特征
双作用双出单杆气缸			气缸上有 2 个进气口,气缸的两侧都有活塞杆伸出
双作用双出双杆气缸			气缸上有 2 个进气口,气缸的两侧均有 2 条活塞杆伸出

3. 旋转气缸

旋转气缸是利用压缩空气驱动输出轴在小于 360°的角度范围内做往复摆动的气动执行元件,多用于物体的转位、工件的翻转、阀门的开闭等场合。旋转气缸按结构特点可分为叶片式和齿轮齿条式两大类。单叶片式旋转气缸如图 4-2-11 所示。常见摆动气缸和旋转气缸的外形与图形符号如表 4-2-4 所示。

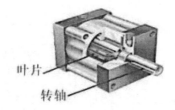

叶片
转轴

图 4-2-11 单叶片式旋转气缸结构图

表 4-2-4 常见摆动气缸和旋转气缸的外形与图形符号

名称	外形	图像符号	说明
齿轮齿条式摆动气缸			活塞杆绕轴线顺时针转动一定角度,然后又逆时针转动一定角度
叶片式摆动气缸			
旋转气缸(气动马达)		定量马达 变量马达	一个进气口进气,活塞杆向一个方向转动,另一进气口进气,活塞杆向另一个方向转动

4. 气爪

气爪(又称气动手指、气动抓手)可以实现各种抓取功能,是现代气动机械手中的一个重要部件。气爪的主要类型有平行气爪气缸、摆动气爪气缸、旋转气爪气缸和三点气爪气缸等。部分气爪剖面结构如图 4-2-12 所示。常见气爪的形状如图 4-2-13 所示。

(a) 摆动气爪气缸　　　　　(b) 旋转气爪气缸　　　　　(c) 三点气爪气缸

图 4-2-12　部分气爪剖面结构图

　　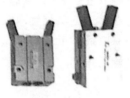　

(a) 开闭式气爪　　　　　(b) 杠杆式气爪　　　　　(c) 旋转式气爪

图 4-2-13　常见的气爪外形

❓ 引导问题 3：气缸的速度是怎么调节的？

(1)　写出气缸调速器件的名称。

_____

_____

_____

(2)　画出节流阀的图形符号。

_____

_____

(九)控制元件

　　控制压缩空气流动方向、流量、压力的元件叫控制元件。在气动系统中，工作部件之所以能按设计要求完成动作，是通过对气动执行元件的运动方向、速度以及压力大小的控制和调节来实现的。根据这种情况，在气动系统中，控制元件相应也分为方向控制阀、流量控制阀和压力控制阀。

　　1. 方向控制阀

　　用于改变气体通道，使气体流动方向发生变化从而改变气动执行元件的运动方向的元件称为换向阀。换向阀按操控方式分类主要有人力操纵控制、机械操纵控制、气压操纵控制和电磁操纵控制四种类型。在 YL-235A 型光机电一体化实训装置中，换向阀采用电磁操纵控制方式。

　　利用电磁线圈通电时，静铁芯对动铁芯产生的电磁吸力，使阀芯改变位置实现换向的方向控制阀称作电磁换向阀，简称电磁阀。

换向阀的阀芯在不同位置时，各接口有不同的通断位置，换向阀阀芯位置和接口通断的不同组合就可以得到各种不同功能的换向阀。几种常用换向阀的外形和图形符号如表 4-2-5 所示。

表 4-2-5 中的"位"，指的是阀芯相对于阀体具有几个不同的工作位置，有两个不同的工作位置称二位阀，有三个不同的工作位置称三位阀。在图形符号中，几位阀就用几个方格表示。表中的"通"，指的是换向阀与系统相连的通口，有几个接通口即为几通。图形符号中的"T"表示各接口互不相通。

2. 流量控制阀

控制压缩空气流量的元件叫流量控制阀。进入气缸的压缩空气流量越大，活塞移动的速度越大，因此，流量控制阀也称为速度控制阀。单向节流阀是气动系统中常用的流量控制阀，它由单向阀和节流阀并联而成，节流阀只在一个方向上起流量控制的作用，相反方向的气流可以通过单向阀自由流通。利用单向节流阀可以实现对执行元件每个方向上的运动速度的单独调节。

表 4-2-5　常见电磁换向阀的外形及其图形符号

名称	外形	图形符号
二位三通电磁阀		
二位三通单控电磁阀		
二位三通双控电磁阀		
二位五通单控电磁阀		
二位五通双控电磁阀		

单向节流阀的外形和结构如图 4-2-14 所示，当压缩空气从单向节流阀的左腔进入时，单向密封圈被压在阀体上，气体只能通过由调节螺栓调整大小的节流口从右腔输出，从而达到调节流量的目的。当压缩空气从右腔进入单向节流阀时，单向密封圈在空气压力的作用下向上翘起，使得气体不必通过节流口即可流至左腔并输出，从而实现反向导通。常见的流量控制阀及其图形符号如表 4-2-6 所示。

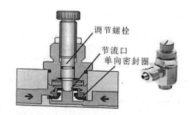

图 4-2-14　单向节流阀结构示意图及实物图

表 4-2-6　常见流量控制阀的外形及其图形符号

名称	外形	图形符号	用途
截止阀			用于打开或关闭气路
节流阀			用于调节压缩空气的进气量
调速阀			改变进气量，从而调节活塞运动的速度

学习亚龙 YL-235A 气动元件的微课如下。

 线上学习资源

🕐 工作计划

　　按照前面收集到的相关资料，各小组制订出工作计划，并把相关工作计划内容填入表 4-2-7 中。

表 4-2-7　物料传送及分拣机构 PLC 控制工作计划表

典型工作任务			
工作小组		组长签名	
典型工作过程描述			

续表

任务分工				
序号	工作步骤	注意事项	负责人	备注
物料传送及分拣机构 PLC 控制工作原理分析				
仪表、工具、耗材和器材清单				
序号	名称	型号与规格	单位	数量
计划评价				
组长签字		教师签字		
计划评价				

注：此表仅为模板，可扫描教学表单二维码下载教学表单，根据具体情况进行修改、打印。

❓ 引导问题 1：结合中级维修电工控制要求与实际现场，画出物料传送及分拣机构的 PLC 控制线路接线图。

❓ 引导问题 2：结合中级维修电工控制要求、引导问题 1 的接线图和任务书技术要求及功能，画出梯形图。

🖥 完成决策

各组派代表阐述设计方案并对其他的设计方案提出自己不同的看法；教师结合大家完成的情况进行点评，选出最佳方案，完成表 4-2-8 中的内容。

表 4-2-8　物料传送及分拣机构 PLC 控制任务决策表

典型工作任务					
计划对比					
序号	计划的可行性	计划的经济性	计划的安全性	计划的实施难度	综合评价
1					
2					
3					
决策分析 与评价	班级		组长签字		第＿＿＿组
	教师签字		日期		

注：此表仅为模板，可扫描教学表单二维码下载教学表单，根据具体情况进行修改、打印。

🔄 工作实施

综合决策方案，按照工作任务及工作计划写出工作思路和工作步骤并填入表 4-2-9 中。

表 4-2-9　物料传送及分拣机构 PLC 控制任务实施表

典型工作任务		
任务实施		
序号	输入输出硬件调试与程序调试步骤	注意事项
实施说明		
实施评价	班级	组长签字	第＿＿＿组
	教师签字	日期	

注：此表仅为模板，可扫描教学表单二维码下载教学表单，根据具体情况进行修改、打印。

👍 评价反馈

工作实施完成后，各组代表展示本任务的作品，介绍本任务的完成过程。学生通过扫描线上评价表单二维码完成学生自评表和学生互评表，教师和企业人员扫描线上评价表单二维码分别完成教师评价表、企业专家评价表。

学习情境三　带编码器的物料传送及分拣机构 PLC 控制

学习情境描述

　　某企业安装好了传送带机构及分拣机构，由于企业的各种原因，在各个分拣工位没有安装相应的识别装置，不能通过识别装置进行识别分拣，但在传送带的电动机上安装了编码器，如图 4-3-1 所示。现需要对该传送带的传送功能、编码器的定位功能实现工件分拣，设计 PLC 控制程序。

图 4-3-1　编码器

学习目标

　　通过分析带编码器的物料传送及分拣机构控制的情境任务，用不同的方式方法获取信息，然后制订学习计划、完成决策、实施计划，最后进行多方评价，就可以完成如表 4-3-1 所示的学习目标。

表 4-3-1　带编码器的物料传送及分拣机构 PLC 控制学习目标

知识目标	技能目标	素养目标
1. 了解旋转编码器的种类、工作原理、结构特点及其应用。 2. 掌握 PLC 编程软元件高速计数器指令的功能及其用途。 3. 熟悉旋转编码器的接线。 4. 熟悉旋转编码器在传送带精确定位的方法	1. 能绘制旋转编码器与 PLC 的硬件接线图。 2. 能根据硬件接线图完成旋转编码器与 PLC 的接线。 3. 能根据传送带精确定位功能，利用相关指令编写 PLC 程序	1. 树立安全意识，养成安全文明的生产习惯。 2. 培养团结协作的职业素养，树立勤俭节约、物尽其用的意识。 3. 培养分析及解决问题的能力，鼓励读者结合实际生产需要，对客观问题进行分析，并提出解决方案

工作任务书及分析

　　某公司生产线加工一批工件，在该生产线的终端有一个分拣装置，如图 4-3-2 所示，将这一批工件均匀分配到三个料槽,该装置的电气原理图如图 4-3-3 所示。接通电源,红色警示灯闪亮,按下启动按钮 SB4,设备启动,三相交流异步电动机以 10 Hz 的频率正向低速运行,红色警示灯熄灭,绿色警示灯闪亮,开始工件的分拣。输送皮带进料口的光电传感器接收到工件到达信号后,三相交流异步电动机启动并以 25 Hz 的频率正向中速运行,运送工件到对应的出料斜槽进行分拣。第一个工件运送到出料斜槽 I 处(距离进料口大于 120 mm),驱动气缸活塞杆伸出,将其推入出料斜槽 I;第二个工件运送到出料斜槽 II 处(距离进料口大于 240 mm),气缸 II 将白色塑料工件推入出料斜槽 II;第三个工件运送到出料斜槽 III 处(距离进料口大于 320 mm),气缸 III 将黑色塑料工件推入出料斜糟 III,第四个工件又送到出料槽 I 处,这样如此循环。当气缸将工件推入出料斜槽,输送皮带上无工件时,三相交流异步电动机改为以 40 Hz 的频率正向高速运行 10 s 后再以 10 Hz 运行,等待下一个工件到达后,再以 25 Hz 的频率正向高速运行。

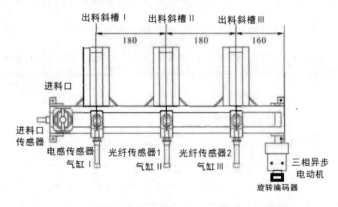

图 4-3-2　带编码器的物料传送及分拣机构示意图

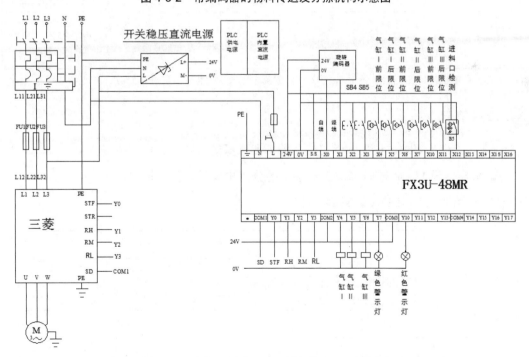

图 4-3-3　带编码器的物料传送及分拣机构 PLC 控制电气原理图

按下停止按钮 SB5，设备在分拣完皮带输送机上的工件后才停止工作，红色警示灯闪亮，绿色警示灯熄灭。

带编码器的物料传送及分拣机构 PLC 控制设计及调试过程的微课如下。

 线上学习资源

任务分组

将学生按 4～6 人一组进行分组，明确每组的工作任务，并填写分组任务表，如表 4-3-2 所示。每组任务可以相同也可以有差异性，视任务量大小而定。

表 4-3-2　带编码器的物料传送及分拣机构 PLC 控制分组任务表

班级		组号		指导老师	
组长		学号			
组员	姓名	学号		姓名	学号
任务分工：					

注：此表仅为模板，可扫描教学表单二维码下载教学表单，根据具体情况进行修改、打印。

获取信息

认真阅读任务要求，根据本学习任务所需要掌握的内容，收集相关资料。

❓ 引导问题 1：亚龙 YL-235A 设备上的分拣机构是如何定位的？

(1) 写出亚龙 YL-235A 编码器的型号。

_____

_____

(2) 写出该编码器的接线方法及其编程方法。

_____

_____

_____

学习旋转编码器的微课如下。

线上学习资源

线下学习资料

旋转编码器的介绍

旋转编码器的实物图如图 4-3-4 所示。

旋转编码器是通过光电转换，将输出至轴上的机械、几何位移量转换成脉冲或数字信号的传感器，主要用于速度或位置(角度)的检测。典型的旋转编码器是由光栅盘和光电检测装置组成。光栅盘是在一定直径的圆板上等分地开通若干个长方形狭缝。由于光电码盘与电动机同轴，电动机旋转时，光栅盘与电动机同速旋转，经发光二极管等电子元件组成的检测装置检测输出若干脉冲信号，其原理示意图如图 4-3-5 所示。通过计算每秒旋转编码器输出脉冲的个数就能反映当前电动机的转速。

图 4-3-4　旋转编码器

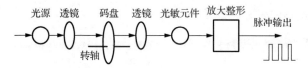

图 4-3-5　旋转编码器原理示意图

一般来说，根据旋转编码器产生脉冲方式的不同，可以将其分为增量式、绝对式以及复合式三大类。本设备是增量式旋转编码器。

增量式编码器是直接利用光电转换原理输出三组方波脉冲 A 相、B 相和 Z 相；A 相和 B 相两组脉冲相位差 90°，用于辨向：当 A 相脉冲超前 B 相时为正转方向，而当 B 相脉冲超前 A 相时则为反转方向。Z 相为每转一个脉冲，用于基准点定位，如图 4-3-6 所示。

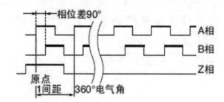

图 4-3-6　增量式编码器输出的三组方波脉冲

YL-235A 传送带单元使用了这种具有 A、B 两相 90° 相位差的通用型旋转编码器，用于计算工件在传送带上的位置。编码器直接连接到传送带主动轴上。该旋转编码器的三相脉冲采用 NPN 型集电极开路输出，分辨率为 500 线，工作电源为 DC12~24V。本工作单元没有使用 Z 相脉冲，A、B 两相输出端直接连接到 PLC 的高速计数器输入端。

计算工件在传送带上的位置时，需确定每两个脉冲之间的距离即脉冲当量。皮带输送单元主辊轴的直径为 $d=22$ mm，减速电机的减速比为 10∶1，电机每旋转一周，经减速器传动减速，皮带上工件移动距离为 $L=\pi \cdot d/10=3.14 \times 22 \div 10=6.908$ mm。故脉冲当量为 $\mu=L/500 \approx 0.014$ mm。应该指出的是，上述脉冲当量的计算只是理论上的。实际中各种误差因素不可避免，例如传送带主动轴直径(包括皮带厚度)的测量误差，传送带的安装偏差、张紧度，分拣单元整体在工作台面上的定位偏差等，都将影响理论计算值。因此理论计算值只能作为估算值。脉冲当量的误差所引起的累积误差会随着工件在传送带上运动距离的增大而迅速增加，甚至达到不可容忍的地步。因而在传送带单元安装调试时，除了要仔细调整尽量减少安装偏差外，还须现场测试脉冲当量值。

⁇ 引导问题 2：什么是高速计数器？

(1) 写出三菱 FX 系列 PLC 中的高速计数器。

_____

_____

(2) 写出高速计数器的功能及其指令。

_____

_____

学习 PLC 编程软元件高速计数器的微课如下。

 线上学习资源

 线下学习资料

(一)高速计数器的介绍

高速计数器是 PLC 的编程软元件，相对于普通计数器，高速计数器用于频率高于机内扫描频率的机外脉冲计数，由于计数信号频率高，计数以中断方式进行，计数器的当前值等于设定值时，计数器的输出接点立即工作。

三菱 FX3U 系列 PLC 内置有 21 点高速计数器 C235～C255，每一个高速计数器都规定了其功能和占用的输入点。

1. 高速计数器的功能分配

C235～C245 共 11 个高速计数器用作一相一计数输入的高速计数，即每一个计数器占用 1 点高速计数输入点。计数方向可以是增序或者减序计数，取决于对应的特殊辅助继电器的状态。例如 C245 占用 X002 作为高速计数输入点，当对应的特殊辅助继电器 M8245 被置位时，做增序计数。C245 还占用 X003 和 X007 分别作为该计数器的外部复位和置位输入端。

C246～C250 共 5 个高速计数器用作一相二计数输入的高速计数，即每一计数器占用 2 点高速计数输入，其中 1 点为增计数输入，另一点为减计数输入。例如 C250 占用 X003 作为增计数输入，占用 X004 作为减计数输入，另外占用 X005 作为外部复位输入端，占用 X007 作为外部置位输入端。同样，计数器的计数方向也可以通过编程对应的特殊辅助继电器的状态指定。

C251～C255 共 5 个高速计数器用作二相二计数输入的高速计数，即每一个计数器占用 2 点高速计数输入，其中 1 点为 A 相计数输入，另 1 点为与 A 相相位差 90° 的 B 相计数输入。C251～C255 的功能和占用的输入点如表 4-3-3 所示。

表 4-3-3 高速计数器 C251～C255 的功能和占用的输入点

	X000	X001	X002	X003	X004	X005	X006	X007
C251	A	B						
C252	A	B	R					
C253				A	B	R		
C254	A	B	R				S	
C255				A	B	R		S

如前所述，分拣单元所使用的是具有 A、B 两相 90° 相位差的通用型旋转编码器，且 Z 相脉冲信号没有使用。由表 4-3-3 可知，可选用高速计数器 C251。这时编码器的 A、B 两相脉冲输出应连接到 X000 和 X001 点。

2. 高速计数器使用输入点的规则

每一个高速计数器都规定了不同的输入点，但所有的高速计数器的输入点都在 X000～X007 范围内，并且这些输入点不能重复使用。例如，使用了 C251 高速计数器，因为 X000、X001 输入点被占用，所以占用这两个输入点的其他高速计数器，都不能使用。

(二)高速计数器的编程

如果外部高速计数器(旋转编码器输出)已经连接到 PLC 的输入端，那么在程序中就可直接使用相对应的高速计数器进行计数。例如，在图 4-3-7 中，设定 C255 的设置值为 100，当 C255 的当前值等于 100 时，计数器的输出接点立即工作。从而控制相应的输出 Y010 为 ON。

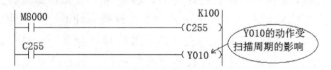

图 4-3-7 高速计数器的编程示例

由于中断方式计数，且当前值=预置值时，计数器会及时动作，但实际输出信号却依赖于扫描周期。

如果希望计数器动作时就立即输出信号，就要采用中断工作方式，使用高速计数器的专用指令，三菱 FX3U 系列 PLC 高速处理指令中有 3 条是关于高速计数器的，都是 32 位指令。它们的具体使用方法请参考 FX3U 编程手册。

下面以现场测试旋转编码器的脉冲当量为例说明高速计数器的一般使用方法。

(三)高速计数器三菱编程脉冲当量的测试

前面已经指出，根据传送带主辊轴直径计算旋转编码器的脉冲当量，其结果只是一个估算值。在输送单元安装调试时，除了要仔细调整尽量减少安装偏差外，还须现场测试脉冲当量值。测试方法的步骤如下。

(1) 输送单元安装调试时，必须仔细调整电动机与主动轴联轴的同心度和传送皮带的张紧度。调节张紧度的两个调节螺栓应平衡调节，避免皮带运行时跑偏。传送带张紧度以电动机在输入频率为 1 Hz 时能顺利启动，低于 1 Hz 时难以启动为宜。测试时可把变频器设置为 Pr.79=1、Pr.3=0 Hz、Pr.161=1，这样就能在操作面板进行启动/停止操作，并且把 M 旋钮作为电位器使用进行频率调节。

(2) 安装调整结束后，变频器参数设置为：①Pr.79=2(固定的外部运行模式)；②Pr.4=25 Hz(高速段运行频率设定值)。

(3) 编写图 4-3-8 所示的程序，编译后传送到 PLC。

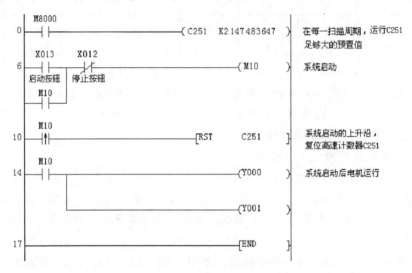

图 4-3-8　脉冲当量现场测试程序

(4) 运行 PLC 程序，并置于监控方式。在传送带进料口中心处放下工件后，按启动按钮启动运行。工件被传送到一段较长的距离后，按下停止按钮停止运行。观察监控界面上 C251 的读数，将此值填写到表 4-3-4 所示的"高速计数脉冲数"一栏中。然后在传送带上测量工件移动的距离，把测量值填写到表中的"工件移动距离"一栏；把监控界面上观察到的高速计数脉冲值，填写到"高速计数脉冲数"一栏，则脉冲当量μ计算值=工件移动距离/高速计数脉冲数，并填写到相应栏目中。

表 4-3-4　脉冲当量现场测试数据

内容序号	工件移动距离(测量值)	高速计数脉冲数(测试值)	脉冲当量μ (计算值)
第一次			
第二次			
第三次			

(5) 重新把工件放到进料口中心处，按下启动按钮进行第二次测试。进行三次测试后，求出脉冲当量μ平均值为μ=(μ1+μ2+μ3)/3。

在本项工作任务中，编程高速计数器的作用是根据 C251 当前值确定工件位置，与存储到指定的变量存储器的特定位置数据进行比较，以确定程序的流向。

注意：特定位置数据均从进料口开始计算，因此，每当待分拣工件下料到进料口，电机开始启动时，必须对 C251 的当前值进行一次复位(清零)操作。

⏱ 工作计划

按照前面收集到的相关资料，各小组制订出工作计划，并把相关工作计划内容填入表 4-3-5 中。

表 4-3-5　带编码器的物料传送及分拣机构 PLC 控制工作计划表

典型工作任务				
工作小组		组长签名		
典型工作过程描述				
任务分工				
序号	工作步骤	注意事项	负责人	备注
带编码器的物料传送及分拣机构 PLC 控制工作原理分析				
仪表、工具、耗材和器材清单				
序号	名称	型号与规格	单位	数量
计划评价				
组长签字		教师签字		
计划评价				

注：此表仅为模板，可扫描教学表单二维码下载教学表单，根据具体情况进行修改、打印。

PLC 及变频器技术应用(微课版)

❓引导问题 1: 结合中级维修电工控制要求与实际现场,画出带编码器的物料传送及分拣的 PLC 控制线路接线图。

❓ 引导问题 2: 结合中级维修电工控制要求、引导问题 1 的接线图和任务书技术要求及功能,画出梯形图。

🤝 完成决策

各组派代表阐述设计方案并对其他的设计方案提出自己不同的看法;教师结合大家完成的情况进行点评,选出最佳方案,完成表 4-3-6 中的内容。

表 4-3-6 带编码器的物料传送及分拣机构 PLC 控制任务决策表

典型工作任务					
计划对比					
序号	计划的可行性	计划的经济性	计划的安全性	计划的实施难度	综合评价
1					
2					
3					
决策分析 与评价	班级		组长签字		第___组
	教师签字		日期		

注:此表仅为模板,可扫描教学表单二维码下载教学表单,根据具体情况进行修改、打印。

🔄 工作实施

综合决策方案,按照工作任务及工作计划写出工作思路和工作步骤并填入表 4-3-7 中。

表 4-3-7 带编码器的物料传送及分拣机构 PLC 控制任务实施表

典型工作任务		
任务实施		
序号	输入输出硬件调试与程序调试步骤	注意事项

续表

实施说明					
实施评价	班级		组长签字		第___组
	教师签字		日期		

注：此表仅为模板，可扫描教学表单二维码下载教学表单，根据具体情况进行修改、打印。

👍 评价反馈

　　工作实施完成后，各组代表展示本任务的作品，介绍本任务的完成过程。学生通过扫描线上评价表单二维码完成学生自评表和学生互评表，教师和企业人员扫描线上评价表单二维码分别完成教师评价表、企业专家评价表。

 线上评价表单

 教学表单

学习情境四　机械手运行机构 PLC 控制

💬 学习情境描述

　　机械手是机电一体化设备或自动化生产系统中常用的装置，用来搬运物件或代替人工完成某些操作，机械手有各种形式，如图 4-4-1 所示。根据驱动机械手工作动力的不同，可分为气动机械手、液压机械手和电动机械手；按照机械手的工作性质，可分为搬运机械手、焊接机械手和注塑机械手等。

图 4-4-1　各种形式的机械手

某企业已经安装了一台气动机械手,可以利用气动机械手完成对物料的搬运工作。现需要对该机械手的搬运功能设计 PLC 控制程序。

⚙ 学习目标

通过分析机械手运行机构控制的情境任务,用不同的方式方法获取信息,然后制订学习计划、完成决策、实施计划,最后进行多方评价,就可以完成如表 4-4-1 所示的学习目标。

表 4-4-1 机械手运行机构 PLC 控制学习目标

知识目标	技能目标	素养目标
1. 熟悉亚龙 YL-235A 机械手系统的组成结构、工作原理。 2. 熟悉亚龙 YL-235A 机械手系统各部件气缸的动作方式及其定位方式。 3. 熟悉亚龙 YL-235A 机械手系统的各个动作流程。 4. 熟悉亚龙 YL-235A 机械手系统的 PLC 控制技术及其调试方法	1. 能正确说出亚龙 YL-235A 机械手系统的动作流程。 2. 能绘制亚龙 YL-235A 机械手系统的电气控制 PLC 硬件接线图。 3. 能根据 PLC 硬件接线图完成接线。 4. 能根据功能要求完成亚龙 YL-235A 机械手系统的 PLC 程序的编写	1. 树立安全意识,养成安全文明的生产习惯。 2. 培养团结协作的职业素养,树立勤俭节约、物尽其用的意识。 3. 培养分析及解决问题的能力,鼓励读者结合实际生产需要,对客观问题进行分析,并提出解决方案

📋 工作任务书及分析

企业生产线上的搬运机械手示意图如图 4-4-2 所示,要将位置 A 处的工件搬运到位置 B 处进行下一个工序的加工,该装置的 PLC 控制电气原理图如图 4-4-3 所示。在启动前或正常停止后机械手必须停留在原位,也就是初始位置。机械手的初始位置是:机械手的悬臂气缸停留在左限位,悬臂气缸和手臂气缸的活塞杆均缩回,气爪处于松开状态。

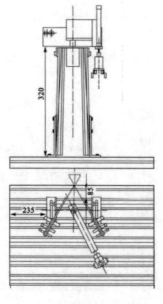

图 4-4-2 搬运机构手示意图

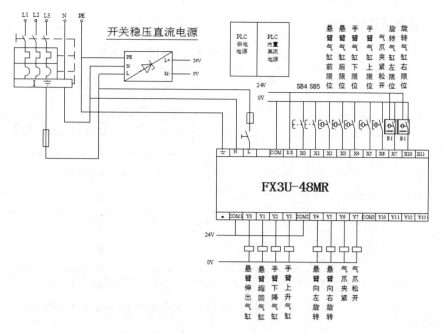

图 4-4-3　搬运械手 PLC 控制电气原理图

　　当接通机械手的工作电源，红色警示灯闪亮，按下启动按钮 SB4，绿色警示灯闪亮，红色警示灯熄灭，机械手将按以下动作顺序搬运工件：悬臂气缸活塞杆伸出→伸出到前限位，传感器接收到信号后手臂气缸活塞杆伸出下降→伸出到下限位后(到达 A 位置)延时 0.5 s 气爪夹紧→再延时 0.5 s→手臂气缸的活塞杆缩回上升→缩回到上限位，传感器接收到信号后悬臂气缸活塞杆缩回→缩回到后限位，传感器接收到信号后旋转气缸驱动机械手右转→右转到右限位，传感器接收到信号后悬臂气缸活塞杆伸出→伸出到前限位，传感器接收到信号后手臂气缸活塞杆伸出下降→伸出到下限位后(到达 B 位置)延时 0.5 s 气爪松开→机械手臂的活塞杆缩回上升→缩回到上限位，传感器接收到信号后悬臂气缸活塞杆缩回→缩回到后限位，传感器接收到信号后旋转气缸驱动机械手左转→返回到初始位置，机械手完成搬运工作的一个循环。

　　按下按钮 SB6，机械手将按上述动作流程连续自动搬运工件；如果按下停止按钮 SB5，机械手在完成当前工件的搬运后，回到初始位置停止，红色警示灯闪亮，绿色警示灯熄灭。

　　机械手运行机构 PLC 控制设计及调试过程的微课如下。

 线上学习资源

 任务分组

　　将学生按 4~6 人一组进行分组，明确每组的工作任务，并填写分组任务表，如表 4-4-2

所示。每组任务可以相同也可以有差异性，视任务量大小而定。

表 4-4-2　机械手运行机构 PLC 控制分组任务表

班级		组号		指导老师	
组长		学号			
组员	姓名	学号		姓名	学号
任务分工:					

注：此表仅为模板，可扫描教学表单二维码下载教学表单，根据具体情况进行修改、打印。

获取信息

认真阅读任务要求，根据本学习任务所需要掌握的内容，收集相关资料。

❓ 引导问题 1：机械手怎么分类？可以分为哪些类型？

(1) 写出机械手按工作动力的分类以及类型。

_____

_____

学习机械手的微课如下。

📱 线上学习资源

(2) 写出图 4-4-4 所示的亚龙 YL-235A 设备上机械手的各部件名称。

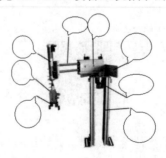

图 4-4-4　亚龙 YL-235A 设备上机械手的各部件名称图

学习亚龙 YL-235A 实训装置的机械手的微课如下。

 线上学习资源

 线下学习资料

(一)机械手简介

手是人身体中最重要、最灵活的部位之一，可以完成各种各样的动作。机械手则是模仿人手的运动原理制成的一种机械工具。机械手是由手臂、手指等部分组成，是机电一体化设备或自动化生产系统中常用的装置，可以代替人手完成搬运工作和一些简单重复性的劳动。常见的机械手如图 4-4-5 所示。

(a) 助力机械手

(b) 垛码机械手

(c) 工业机械手

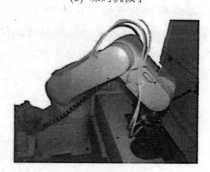

(d) 高精度机械手

(e) 焊接机械手

(f) 压铸机械手

图 4-4-5 常见的机械手

(g) 横走机械手   (h) 全伺服机械手

图 4-4-5 常见的机械手(续)

(二)亚龙 YL-235A 实训装置的机械手

YL-235A 型光机电一体化实训考核装置中也配备有机械手,它属于气动搬运机械手。顾名思义,它的动力为气动,所完成的主要工作为搬运物料。它一共有两个手指和四个空间自由度,分别是伸出缩回、上升下降、夹紧放松、左旋右旋,这是最简单的机械手。

YL-235A 型光机电一体化实训考核装置中的气动机械手结构图如图 4-4-6 所示。气动机械手搬运机构由气动手爪、提升气缸、手臂伸缩气缸、摆动气缸及安装支架等组成。这些部件实现了气动机械手四个自由度的动作:手爪松紧、手爪上下、手臂伸缩和手臂左右旋转。具体表现为气动手爪张开即机械手松开,气动手爪夹紧即机械手夹紧;提升气缸伸出即手爪下降,提升气缸缩回即手爪上升;伸缩气缸伸出即手臂前伸,伸缩气缸缩回即手臂后缩;摆动气缸左旋即手臂左旋,摆动气缸右旋即手臂右旋。为了控制气动回路中的气体流量,在每一个气缸的气管连接处都设有节流阀,以调节机械手各个方向的运动速度。在图 4-4-6 所示的气动机械手中,气动手爪、提升气缸和伸缩气缸上均有到位检测传感器,它们是一种磁性开关,气缸动作到位后,开关动作,便给 PLC 发出到位信号。摆动气缸的到位检测由左右限位传感器完成,它是一种金属检测传感器,又称电感传感器,在安装支架上还设有缓冲阀。

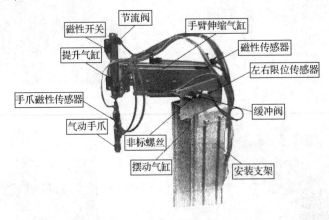

图 4-4-6 气动机械手结构图

❓ **引导问题 2：如何检测气缸活塞的位置？**

(1)　写出气缸活塞位置检测的器件。

_____

_____

(2)　写出亚龙 YL-235A 设备气缸活塞位置检测的器件。

_____

_____

_____

❓ **引导问题 3：常用气动元件的图形符号有哪些？**

(1)　画出几种常用的气动元件的图形符号。

_____

_____

_____

(2)　画出亚龙 YL-235A 机械手气缸的图形符号。

_____

_____

_____

❓ **引导问题 4：亚龙 YL-235A 机械手是如何动作的？**

写出亚龙 YL-235A 的动作流程。

_____

_____

📖 **线下学习资料**

(一)气缸活塞位置的检测

　　气缸中的活塞是否运动到规定位置，检测气缸中活塞的位置，并根据活塞位置的信号控制气动系统的工作是气动控制的重要问题。检测气缸中活塞位置的常用方法和检测器件如表 4-4-3 所示。

(二)气动元件的图形符号

　　气动系统要根据气动系统图进行安装，因此要熟悉气动系统中各种常用气动元件的图形符号。常用气动元件的图形符号如表 4-4-4 所示。

表 4-4-3　检测气缸中活塞位置的方法和检测器件

检测器件	检测方法	示意图	特点
位置开关	机械接触		①安装空间较大； ②不受磁性影响； ③检测位置调整较困难
接近开关	阻抗变化		①安装空间较大； ②不受污浊影响； ③检测位置调整较困难

 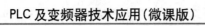
续表

检测器件	检测方法	示意图	特点
光电开关	光的变化		①安装空间较大; ②不受磁性影响; ③检测位置调整较困难
磁性开关	磁场变化		①安装空间较小; ②不受污浊影响; ③检测位置调整较容易

表 4-4-4　常用气动元件的图形符号(摘自 GB/T 786.1-1993)

类别	名称		符号	类别	名称	符号
管路、管路连接口和接头	工作管路 电气线路 控制供给管路			机械控制件	锁定装置(*为开锁的控制方法符号)	
	控制管路 排气管路				弹跳机构	
	连接管路			控制方法	不指名控制方式	
	交叉管路				按钮式	
	柔性管路				拉钮式	
	排气口	不带连接螺纹		人力控制	按-拉式	
		带连接螺纹			手柄式	
		封闭气口			单向踏板式	
	放气装置	连续放气			双踏板式	
		间断放气			顶杆式	
		单向放气			可变行程控制式	
	快换接头	不带单向阀		机械控制	弹簧控制式	
		带单向阀			滚轮式	
	旋转接头	单通路			单向滚轮式	
		三通路		电气控制	单作用电磁铁(电气引线可以省略)	
机械控制件	杆				双作用电磁铁	
	轴(旋转运动)					
	定位装置					

190

续表

类别	名称			符号	类别	名称			符号
控制方法	气压控制	直动控制	加压或泄压控制		气缸	单作用气缸	单活塞杆	不带弹簧	
			差动控制					带弹簧	弹簧压出
			内部压力控制						弹簧压回
			外部压力控制				伸缩缸		
		先导控制	加压控制				单活塞杆		
			泄压控制						
	复合控制	顺序控制	电磁内部气压先对控制				双活塞杆		
			电磁外部气压先对控制			双作用气缸	缓冲气缸	不可调	单向
		选择控制							双向
	气泵							可调	单向
泵、马达	定量马达	单向							双向
		双向					伸缩缸		
	变量马达	单向					增压缸		
		双向					气液增压缸		
	摆动马达								

续表

类别	名称		符号	类别	名称		符号
压力控制阀	溢流阀	直动型 内部压力控制		方向控制阀	单向阀		
		直动型 外部压力控制			气控单向阀		
		先导型			梭阀	或门型	
	减压阀	直动型 不带溢流				与门型	
		直动型 带溢流			快速排气阀		
		先导型			二位二通	常开	
	顺序阀	直动型 内部压力控制				常闭	
		直动型 外部压力控制			二位三通	常开	
	单向顺序阀					常闭	
流量控制阀	截止阀				二位四通		
	节流阀	不可调			三位四通	中间封闭式(O型)	
		可调				中间加压式(P型)	
	减压阀					中间泄压式(Y型)	
	可调单向节流阀				二位五通		
	带消声器的节流阀				三位五通	中间封闭式(O型)	
						中间加压式	
						中间泄压式	
					电气伺服阀		

192

类别	名称		符号	类别	名称		符号
气动辅助元件及其他	气压源			气动辅助元件及其他	压力继电器		详细符号　一般符号
	气罐				行程开关		详细符号　一般符号
	蓄能器				模拟传感器		
	冷却器				消声器		
	过滤器				报警器		
	空气过滤器	人工排出			压力指示器		
		自动排出			压力计		
	除油器	人工排出			压差计		
		自动排出			脉冲计数器	输出电信号	
	空气干燥器					输出气信号	
	油雾器				温度计		
	气动三联件(简化符号)				流量计		
	气液转换器	单程作用			累计流量计		
		连续作用			电动机		

工作计划

　　按照前面收集到的相关资料，各小组制订出工作计划，并把相关工作计划内容填入表 4-4-5 中。

表 4-4-5　机械手运行机构 PLC 控制工作计划表

典型工作任务				
工作小组		组长签名		
典型工作过程描述				
任务分工				
序号	工作步骤	注意事项	负责人	备注
机械手运行机构 PLC 控制工作原理分析				
仪表、工具、耗材和器材清单				
序号	名称	型号与规格	单位	数量
计划评价				
组长签字		教师签字		
计划评价				

注：此表仅为模板，可扫描教学表单二维码下载教学表单，根据具体情况进行修改、打印。

　　⁉️引导问题 1：结合中级维修电工控制要求与实际现场，画出机械手运行机构的 PLC
控制线路接线图。

　　⁉️ 引导问题 2：结合中级维修电工控制要求、引导问题 1 的接线图和任务书技术要
求及功能，画出梯形图。

完成决策

各组派代表阐述设计方案并对其他的设计方案提出自己不同的看法；教师结合大家完成的情况进行点评，选出最佳方案，完成表 4-4-6 中的内容。

表 4-4-6　机械手运行机构 PLC 控制任务决策表

典型工作任务					
计划对比					
序号	计划的可行性	计划的经济性	计划的安全性	计划的实施难度	综合评价
1					
2					
3					
决策分析与评价	班级		组长签字		第___组
	教师签字		日期		

注：此表仅为模板，可扫描教学表单二维码下载教学表单，根据具体情况进行修改、打印。

工作实施

综合决策方案，按照工作任务及工作计划写出工作思路和工作步骤并填入表 4-4-7 中。

表 4-4-7　机械手运行机构 PLC 控制任务实施表

典型工作任务		
任务实施		
序号	输入输出硬件调试与程序调试步骤	注意事项
实施说明		
实施评价	班级	组长签字	第___组
	教师签字	日期	

注：此表仅为模板，可扫描教学表单二维码下载教学表单，根据具体情况进行修改、打印。

 评价反馈

工作实施完成后，各组代表展示本任务的作品，介绍本任务的完成过程。学生通过扫描线上评价表单二维码完成学生自评表和学生互评表，教师和企业人员扫描线上评价表单二维码分别完成教师评价表、企业专家评价表。

 线上评价表单

 教学表单

 考证热点

一、选择题

1. 在气动系统中，用以连接元件以及对系统进行消声、冷却、测量的一些辅助元件称为( )。

    A. 辅助元件   B. 控制元件   C. 执行元件   D. 动力元件

2. 在气动系统中，把压缩空气的压力转换成机械能，用来驱动不同机械装置的为( )。

    A. 辅助元件   B. 控制元件   C. 执行元件   D. 动力元件

3. ( )是非接触式感应开关，它精度高、反应速度快、抗干扰性能好。

    A. 接近开关   B. 行程开关   C. 磁性开关   D. 点动开关

4. 在安装电感或电容式接近开关时，一般要求接近开关与活塞杆的距离控制在( )左右。

    A. 1 mm   B. 2 mm   C. 3 mm   D. 4 mm

5. ( )的符号标记用 YA 或 Y 加下标显示。

    A. 气控口   B. 弹簧控制   C. 电磁线圈   D. 手动控制

6. 各种按钮开关属于程序控制系统中的( )。

    A. 输入元件   B. 输出元件   C. 检测机构   D. 控制结构

7. 传感器的基本转换电路是将敏感元件产生的易测量小信号进行变换，使传感器的信号输出符合具体工业系统的要求。一般为( )。

    A. 4~20 mA、-5~5 V   B. 0~20 mA、0~5 V

    C. -20 mA~20 mA、-5~5 V   D. -20 mA~20 mA、0~5 V

8. 在扫描输入阶段，PLC 将所有输入端的状态送到( )保存。

    A. 输出映象寄存器   B. 变量寄存器

    C. 内部寄存器   D. 输入映象寄存器

9. 当代机器人大军中最主要的机器人为( )。

    A. 工业机器人   B. 军用机器人   C. 服务机器人   D. 特种机器人

10. HSCS(53)是(　　)指令。

    A.高速计数　　　　B. 高速计数置位　　C. 高速计数复位　　D. 报警器置位

11. HSZ(55)是(　　)指令。

    A. 高速计数器区间比较　　　　　　　　B. 高速计数置位

    C. 高速计数复位　　　　　　　　　　　D. 高速输入

12. ALT(66)是(　　)指令。

    A. 交替输出　　　　　　　　　　　　　B、交替输入

    C. 高速计数复位　　　　　　　　　　　D. 速度检测

13. ZRST(40)是(　　)指令。

    A. 循环右移　　　　B. 循环左移　　　　C. 区间比较　　　　D. 区间复位

14. FX 系列 PLC 采用输入(　　)作为外部中断输入信号使用。

    A.X000～X005　　B.X000～X007　　C.X000～X017　　D.X000～X027

15. 三菱 FX 系列 PLC 驱动(　　)后，PLC 的外部输出接点全部置于 OFF 状态。

    A.M8031　　　　　B.M8032　　　　　C.M8033　　　　　D.M8034

16. 高数计数器只可对(　　)动作计数。

    A.X 元件　　　　　B.Y 元件　　　　　C.M 元件　　　　　D.T 元件

17. C235 高速计数器只能对(　　)特定输入端子的 OFF—ON 的动作进行计数。

    A. X0　　　　　　　B. X1　　　　　　　C. X2　　　　　　　D. X3

18. C236 高速计数器只能对(　　)特定输入端子的 OFF—ON 的动作进行计数。

    A. X0　　　　　　　B. X1　　　　　　　C. X2　　　　　　　D. X3

19. C237 高速计数器只能对(　　)特定输入端子的 OFF—ON 的动作进行计数。

    A. X0　　　　　　　B. X1　　　　　　　C. X2　　　　　　　D. X3

20. C238 高速计数器只能对(　　)特定输入端子的 OFF—ON 的动作进行计数。

    A. X0　　　　　　　B. X1　　　　　　　C. X2　　　　　　　D. X3

21. FX 系列单相单计数输入高速计数器的地址是(　　)。

    A. C235～C245　　B. C246～C250　　C. C251～C255　　D. C256～C300

22. FX 系列单相双计数输入高速计数器的地址是(　　)。

    A. C235～C245　　B. C246～C250　　C. C251～C255　　D. C256～C300

23. FX 系列双相双计数输入高速计数器的地址是(　　)。

    A. C235～C245　　B. C246～C250　　C. C251～C255　　D. C256～C300

24. INC(P)是(　　)指令。

    A. 加一　　　　　　B. 减一　　　　　　C. 多点输入　　　　D. 移位输出

25. PLC 运行状态接点为 ON 的辅助继电器是(　　)。

    A. M8000　　　　　B. M8001　　　　　C. M8002　　　　　D. M8003

26. 企业生产经营活动中，要求员工遵纪守法是(　　)。

    A. 约束人的体现　　　　　　　　　　　B. 保证经济活动正常进行所决定的

    C. 领导者人为的规定　　　　　　　　　D. 追求利益的体现

27. (　　)是液压与气压传动中的两个最重要参数。

    A. 压力和流量　　B. 压力和负载　　C. 负载和速　　　D. 流量和速度

28. 职业道德是从事某种职业的工作或劳动过程中所应遵守的与其职业活动紧密联系的( )和原则的总和。

    A. 思想体系   B. 道德规范   C. 行为规范   D. 精神文明

29. 准时化生产方式企业的经营目标是( )。

    A. 安全   B. 质量   C. 利润   D. 环保

二、判断题

1. 气动技术的最终目的是利用压缩空气来驱动不同的机械装置。   ( )

2. 选用空气压缩机的依据是系统所需的工作压力、流量和一些特殊的工作要求。

                                                                         ( )

3. 气缸执行元件可分为气缸、气动马达及一些特殊气缸。   ( )

4. 气缸的行程较短或速度较低时,一般在活塞两侧设缓冲垫。   ( )

5. 在按下复合按钮后,常闭和常开按钮是同时闭合和断开的。   ( )

6. 启动按钮一般是常闭按钮,而停止按钮一般是常开按钮。   ( )

7. 电感式接近开关的响应频率高,抗干扰性能好,可用于任何场合。   ( )

8. 电容式接近开关所测对象一般是非金属。   ( )

9. 磁性开关和磁性气缸的活塞上都有一个永久性的磁环。   ( )

10. 在写入程序时可编程主机必须在 STOP 位置。   ( )

11. 为了避免在关断 PLC 电源时丢失 RAM 中的内容,常用高效的锂电池作为 RAM 的备用电源。   ( )

12. PLC 使用的十进制常数用 K 表示。   ( )

13. YL-235A 上使用的流量控制阀是单向节流阀,由单向阀和节流阀并联而成,用于控制气缸的运动速度,故常称为速度控制阀。   ( )

14. 灵敏度是指传感器输出的变化量与引起该变化量的输入变化量之比。   ( )

三、简答题

1. 画出气源调压装置(三联件)简化符号,并说出各部分的作用。

2. 简述接近开关的种类及特点。

3. 传感器由哪几部分构成?相应的作用是什么?

学习场景五　工业生产中触摸屏的简单使用

场景介绍

　　触摸屏是一种人机交互设备，如图5所示。在工业生产中触摸屏的应用非常广泛，它可以安装在工业自动化生产线、机器人操作设备、机械臂控制设备等工业设备上，用于数据输入、操作控制、状态显示等，大大提高了生产效率和质量。

图 5　触摸屏

　　本学习场景中，通过三个学习情境讲解触摸屏的应用、组态软件，以及如何利用触摸屏、PLC、变频器的控制完成自动化生产的功能。

学习情境一　触摸屏下的 FX3U 与变频器 PLC 控制

💬 **学习情境描述**

　　触摸屏作为一种新型的人机界面，从一出现就受到关注。它简单易用，可以与其他设备进行连接使用，如图 5-1-1 所示，强大的功能及优异的稳定性使它广泛应用于工业环境与日常生活中，比如自动化停车设备、自动洗车机、龙门吊车升降控制、生产线监控等，甚至还用于智能大厦管理、会议室声光控制、温度调节等。

图 5-1-1　触摸屏与其他设备连接

某一工厂传送带的控制过程太过于陈旧，需要进行改造，已经安装好了触摸屏，可以通过触摸屏进行控制电动机的转向及速度的变化，同时可以监视传送带的运行速度。现需要对触摸屏画面及功能、PLC 程序控制进行设计。

⚙ 学习目标

通过分析触摸屏进行控制电动机的情境任务，用不同的方式方法获取信息，然后制订学习计划、完成决策、实施计划，最后进行多方评价，可以完成如表 5-1-1 所示的学习目标。

表 5-1-1　触摸屏下的 FX3U 与变频器 PLC 控制学习目标

知识目标	技能目标	素养目标
1. 了解昆仑通态触摸屏的主流产品的主要性能及使用方法。 2. 了解 MCGS 组态软件和 TPC 触摸屏的安装、接口类型、功能及使用方法。 3. 熟悉 MCGS 组态软件基本界面的组成和基本操作方法，了解组态软件提供的常用 PLC 元件及功能元件的功能和作用。 4. 熟悉昆仑通态触摸屏通讯参数的含义与设置方法	1. 学会简单工程的创建和编辑方法，掌握 PLC 与 HMI 通讯的建立方法及程序下载调试的方法。 2. 学会 MCGS 组态软件的基本操作，完成按钮、标签的绘制。 3. 学会 MCGS 组态软件的基本操作，完成按钮、标签的参数设置	1. 树立安全意识，养成安全文明的生产习惯。 2. 培养团结协作的职业素养，树立勤俭节约、物尽其用的意识。 3. 培养分析及解决问题的能力，鼓励读者结合实际生产需要，对客观问题进行分析，并提出解决方案

🖥 工作任务书及分析

工厂传送带的运行需要通过触摸屏上的点动按钮随时改变电动机的运行方向，以及控制传送带高速、中速、低速等不同速度之间的切换。任务中通过触摸屏的组态按钮来控制变频器的运行，所以不需要外部的按钮作为变频器的输入信号，对应 PLC 只用到它的输出，通过触摸屏与 PLC 之间的通信，用 PLC 内部的中间继电器来完成对外部设备的控制，电气原理图如图 5-1-2 所示，实物图如图 5-1-3 所示。

任务要求：通电后，触摸屏进入系统控制画面，画面的警示灯为绿色，传送带运行后，画面的警示灯为红色。通过触摸屏画面按钮来实现对传送带运行的控制。制作如图 5-1-4 所示的触摸屏组态，实现触摸屏对皮带运动方向和速度的控制。

控制要求：

(1) 手指点触摸屏中的"正转/反转"，控制电动机正转/反转。

(2) 手指点触摸屏中的"低速"，电动机以 15 Hz 运行。

(3) 手指点触摸屏中的"中速"，电动机以 25 Hz 运行。

(4) 手指点触摸屏中的"高速"，电动机以 45 Hz 运行。

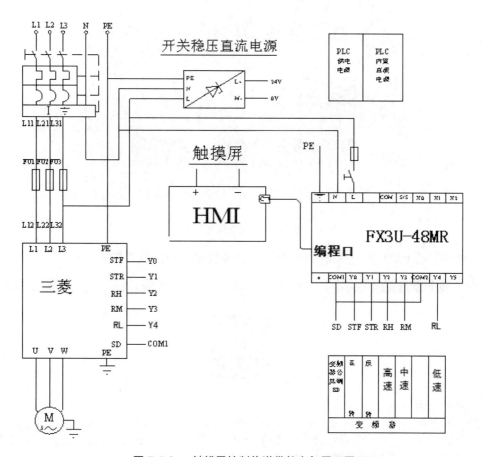

图 5-1-2　触摸屏控制传送带的电气原理图

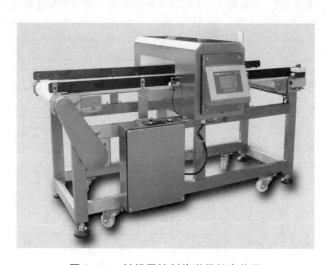

图 5-1-3　触摸屏控制传送带的实物图

图 5-1-4　触摸屏组态图

触摸屏下的 FX3U 与变频器 PLC 控制设计及调试过程的微课如下。

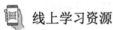
线上学习资源

任务分组

将学生按 4～6 人一组进行分组，明确每组的工作任务，并填写分组任务表，如表 5-1-2 所示。每组任务可以相同也可以有差异性，视任务量大小而定。

表 5-1-2　触摸屏下的 FX3U 与变频器 PLC 控制分组任务表

班级		组号		指导老师	
组长		学号			
组员	姓名	学号	姓名	学号	
任务分工：					

注：此表仅为模板，可扫描教学表单二维码下载教学表单，根据具体情况进行修改、打印。

获取信息

认真阅读任务要求，根据本学习任务所需要掌握的内容，收集相关资料。

? 引导问题 **1**：触摸屏有什么作用？ **YL-235A** 实训装置使用的触摸屏是什么型号？

_____

_____

_____

? 引导问题 **2**：昆仑通态触摸屏使用什么编程软件？ 其软件由什么构成？

_____

_____

学习触摸屏的微课如下。

 线上学习资源

■ 线下学习资料

(一)触摸屏的介绍

1. 定义

触摸屏(touch screen)又称为触控屏、触控面板，是一种可接收输入信号的感应式液晶显示装置，当触碰了屏幕上的图形按钮时，屏幕上的触觉反馈系统可根据预先编制的程序驱动对应的装置，可取代机械式的按钮面板，并利用液晶显示画面制作出生动的影音效果。

2. 作用

触摸屏作为一种最新的输入设备，它是目前最简单、方便、自然的一种人机交互设备。它赋予了多媒体以崭新的面貌，是极富吸引力的全新多媒体交互设备。主要应用于公共信息的查询、办公、工业控制、军事指挥、电子游戏、点歌点菜、多媒体教学、房地产预售等领域。

(二)TPC7062 昆仑通态触摸屏

1. 概述

昆仑通态触摸屏是一套以嵌入式低功耗 CPU 为核心(ARM CPU，主频 400 MHz)的高性能嵌入式一体化触摸屏。该产品设计采用了 7 in 高亮度 TFT 液晶显示屏(分辨率 800 × 480)、四线电阻式触摸屏(分辨率 1024 × 1024)。

2. 触摸屏外观

触摸屏外观及外部接口如图 5-1-5 所示。

(1)　LAN(RJ45)：以太网接口，可通过网线跟电脑网卡连接，进行工程下载。

(2)　USB1：主口，与 USB1.1 兼容，用于连接外部设备。

(3)　USB2：从口，用于下载工程。

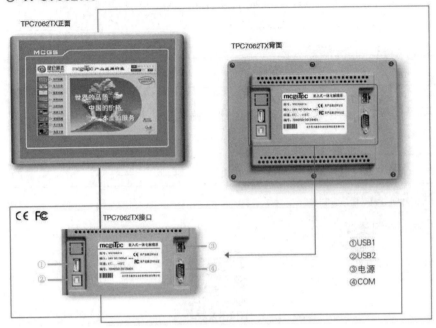

图 5-1-5　昆仑通态 TPC7062TX 触摸屏

(4) 电源接口：接 24 V 直流工作电源。

(5) 串口(DB9)：九针串口，可用 RS232/RS485 通信线将触摸屏与 PLC 进行数据交换及操作。

3. 触摸屏的启动、运行

使用 24 V 直流电源给触摸屏(TPC)供电，开机启动后屏幕出现"正在启动"提示进度条，此时不需要任何操作，系统自动进入工程运行界面。

(三)认识 MCGS 嵌入版组态软件

MCGS 嵌入版组态软件是昆仑通态公司专门开发用于 mcgsTpc 的组态软件，主要完成现场数据的采集与监测、前端数据的处理与控制。MCGS 嵌入版组态软件与其他相关的硬件设备结合，可以快速、方便地开发出各种用于现场采集、数据处理和控制的设备。例如可以灵活组态各种智能仪表、数据采集模块、无纸记录仪、无人值守的现场采集站、人机界面等专用设备。

1. MCGS 嵌入版组态软件的主要功能

(1) 简单灵活的可视化操作界面：采用全中文、可视化的开发界面，符合中国人的使用习惯和要求。

(2) 实时性强、有良好的并行处理性能：是真正的 32 位系统，以线程为单位对任务进行分时并行处理。

(3) 丰富、生动的多媒体画面：以图像、图符、报表、曲线等多种形式，为操作员及时提供相关信息。

(4) 完善的安全机制：提供了良好的安全机制，可以为多个不同级别用户设定不同的操作权限。

(5) 强大的网络功能：具有强大的网络通信功能。

(6) 多样化的报警功能：提供多种不同的报警方式，具有丰富的报警类型，方便用户进行报警设置。

(7) 支持多种硬件设备。

总之，MCGS 嵌入版组态软件具有与通用组态软件一样强大的功能，并且操作简单，易学易用。

2. MCGS 嵌入版组态软件的组成

MCGS 嵌入版生成的用户应用系统，由主控窗口、设备窗口、用户窗口、实时数据库和运行策略五个部分构成，如图 5-1-6 所示。

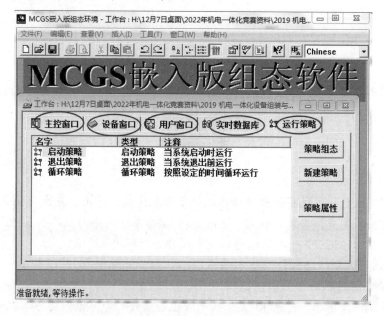

图 5-1-6　MCGS 嵌入版组态软件的组成

3. 嵌入式系统的体系结构

嵌入式组态软件的组态环境和模拟运行环境相当于一套完整的工具软件，可以在计算机上运行。嵌入式组态软件的运行环境则是一个独立的运行系统，它按照组态工程中用户指定的方式进行各种处理，完成用户组态设计的目标和功能。运行环境本身没有任何意义，必须与组态工程一起作为一个整体，才能构成用户应用系统。一旦组态工作完成，并且将组态好的工程通过 USB 口下载到嵌入式一体化触摸屏的运行环境中，组态工程就可以离开组态环境而独立运行在 TPC 上，从而实现了控制系统的可靠性、实时性、确定性和安全性。

(四)MCGS 嵌入版组态软件的安装

从官网上下载编程软件"MCGS 嵌入版 7.7 完整安装包"，打开软件安装包，如图 5-1-7 所示。

图 5-1-7　MCGS 软件安装包

MCGS 嵌入版组态软件安装步骤，请扫描二维码观看视频。

　　安装过程完成后，系统将弹出对话框，提示安装完成，单击"完成"按钮，MCGS 嵌入版组态软件安装完成。安装完成后，Windows 操作系统的桌面上添加了两个快捷方式图标，分别用于启动 MCGS 嵌入式组态环境和模拟运行环境。

　　(五)MCGS 嵌入版组态软件的基本操作

　　1. 组态软件运行界面

　　双击桌面■快捷图标，打开 MCGS 嵌入版组态软件，即可进入图 5-1-8 所示的软件界面。各种菜单的组成如下。

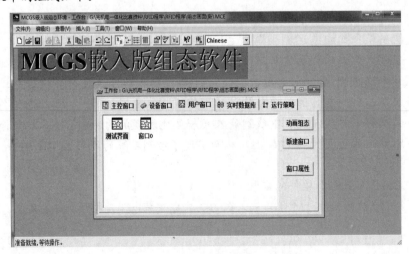

图 5-1-8　打开 MCGS 软件界面

(1) "文件"菜单包括了对 MCGS 嵌入版工程文件的各种操作命令，其中有新文件的建立、文件的存盘、文件的打开、打印、打印预览等操作命令，还包括了检查组态结果和进入运行环境的操作命令，各种命令及其功能如表 5-1-3 所示。另外，在窗口的背景上，单击鼠标右键，弹出的快捷菜单，与此菜单内容相同。

表 5-1-3 "文件"菜单

菜单名	图标	对应快捷键	功能说明
新建工程		Ctrl+N	新建并打开一个新的工程文件
打开工程		Ctrl+O	打开指定的工程文件
关闭工程		无	关闭当前工程
保存工程/保存窗口		Ctrl+S	把当前工程存盘
工程另存为		无	把当前工程以另外的名称存盘
打印设置		无	设置打印配置
打印预览		无	预览要打印的内容
打印		Ctrl+P	开始打印指定的内容
组态结果检查		F5	检查当前过程的组态结果是否正确
进入运行环境		F4	进入运行环境并运行当前工程
工程设置		无	修改工程设置
生成安装盘		无	将当前工程生成安装盘
退出系统		无	退出 MCGS 嵌入版的组态环境

(2) "编辑"菜单包含了用于编辑组态目标的一些通用性操作命令，具体命令及其功能如表 5-1-4 所示。

表 5-1-4 "编辑"菜单

菜单名	图标	对应快捷键	功能说明
撤销		Ctrl+Z	取消最后一次的操作
重复		Ctrl+Y	恢复取消的操作
剪切		Ctrl+X	把指定的对象删除并拷贝到剪贴板
拷贝		Ctrl+C	把指定的对象复制到剪贴板
粘贴		Ctrl+V	把剪贴板内的对象粘贴到指定地方
清除		Del	删除指定的对象
全选		Ctrl+A	选中用户窗口内的所有对象
复制		Ctrl+D	复制选定的对象
属性		F8，Alt+Enter	打开指定对象的属性设置窗口
事件		Ctrl+Enter	打开指定对象的事件设置窗口
插入元件		无	在用户窗口或工作台中插入元件
保存元件		无	保存用户窗口或工作台中的对应元件

(3) "查看"菜单中的各种命令用于窗口间的切换，确定对象的显示方式和排列方式，打开或关闭工具条和状态条。各种菜单命令及其功能如表 5-1-5 所示，前五项是"工作台面"子菜单中的命令。

表 5-1-5　"查看"菜单

菜单名	图标	对应快捷键	功能说明
主控窗口		Ctrl+1	切换到工作台主控窗口页
设备窗口		Ctrl+2	切换到工作台设备窗口页
用户窗口		Ctrl+3	切换到工作台用户窗口页
实时数据库		Ctrl+4	切换到工作台实时数据库窗口页
运行策略		Ctrl+5	切换到工作台运行策略窗口页
数据对象		无	打开数据对象浏览窗口
对象使用浏览		Ctrl+W	打开对象使用浏览窗口
大图标		无	以大图标的形式显示对象
小图标		无	以小图标的形式显示对象
列表显示		无	以列表的形式显示对象
详细资料		无	以详细资料的形式显示对象
按名字排列		无	按名称顺序排列对象
按类型排列		无	按类型顺序排列对象
工具条		Ctrl+T	显示或关闭工具条
状态条		无	显示或关闭状态条
全屏显示		无	屏幕全屏显示
视图缩放	100%	无	根据一定的比例缩放视图
绘图工具箱		无	打开或关闭绘图工具箱
绘图编辑条		无	打开或关闭绘图编辑条

　　(4)　"工具"菜单中提供了管理和维护 MCGS 嵌入版整个软件系统运行的一些实用命令,各种命令及其功能如表 5-1-6 所示。

表 5-1-6　"工具"菜单

菜单名	图标	对应快捷键	功能说明
工程文件压缩		无	压缩工程文件,去掉无用信息
使用计数检查		无	更新数据对象的使用计数
数据对象名替换		无	改变指定数据对象的名称
优化画面速度		Alt+P	用于对用户窗口进行画面速度的优化
下载配置		Alt+R	进行通信测试及工程下载
用户权限管理		无	用户权限管理工具
工程密码设置		无	打开工程时需要输入密码
对象元件库管理		无	对象元件库管理工具
配方组态设计		无	打开配方组态窗口

　　(5)　"插入"菜单的功能是在当前激活的窗口中新增加一个对象,包括插入新的用户窗口、数据对象、运行策略和策略构件,具体命令及其功能如表 5-1-7 所示。

表 5-1-7　"插入"菜单

菜单名	图标	对应快捷键	功能说明
主控窗口		无	所有设备窗口和用户窗口的父窗口
设备窗口		无	建立系统与外部硬件设备的连接关系
用户窗口		无	插入一个新的用户窗口
数据对象		无	插入一个新的数据对象
运行策略		无	插入一个新的运行策略
菜单项	▦	无	插入一个菜单项
分隔线	▦	无	插入一个分隔线
下拉菜单	▦	无	插入一个下拉菜单
策略行	▦	Ctrl+I	插入一个新的策略行

(6)　"窗口"菜单中的各种命令用于确定各个窗口的放置方式。此命令集可以从主菜单中执行，也可以在各个子窗口中的标题栏上单击鼠标右键，在弹出的快捷菜单中选择，具体命令及其功能如表 5-1-8 所示。

表 5-1-8　"窗口"菜单

菜单名	图标	对应快捷键	功能说明
层叠	无	无	以层叠方式放置所有窗口
水平平铺	无	无	以水平平铺方式放置所有窗口
垂直平铺	无	无	以垂直平铺方式放置所有窗口

(7)　"帮助"菜单中为用户提供了查阅 MCGS 嵌入版软件使用信息的有关操作命令。

2. 工程创建

如图 5-1-9 所示，选择"文件"菜单中的"新建工程"命令，弹出"新建工程设置"对话框，将 TPC 类型设置为 TPC7062K，单击"确定"按钮。选择"文件"菜单中的"工程另存为"命令，弹出"文件保存"对话框。在"文件名"文本框中输入"**控制工程"，单击"保存"按钮，工程创建完毕。

图 5-1-9　"新建工程设置"对话框

学习 MCGS 嵌入版组态软件的微课如下。

 线上学习资源

3. 工程组态的编辑

下面通过实例介绍 MCGS 嵌入版组态软件中建立触摸屏与三菱 FX 系列 PLC 编程口通迅的步骤，实际操作地址是三菱 PLC 中的 Y0、Y1、Y2、D0 和 D2。

具体工程组态与 PLC 数据通讯操作步骤，请扫描二维码观看视频。

工作计划

按照前面收集到的相关资料，各小组制订出工作计划，并把相关工作计划内容填入表 5-1-9 中。

表 5-1-9　触摸屏下的 FX3U 与变频器 PLC 控制工作计划表

典型工作任务				
工作小组		组长签名		
典型工作过程描述				
任务分工				
序号	工作步骤	注意事项	负责人	备注
触摸屏下的 FX30 与变频器 PLC 控制工作原理分析				
仪表、工具、耗材和器材清单				
序号	名称	型号与规格	单位	数量
计划评价				
组长签字		教师签字		
计划评价				

注：此表仅为模板，可扫描教学表单二维码下载教学表单，根据具体情况进行修改、打印。

引导问题 1： 结合中级维修电工控制要求与现场情况，画出触摸屏、**FX3U** 与变频器的控制线路接线图。

引导问题 2： 结合中级维修电工控制要求、引导问题 **1** 的接线图和任务书技术要求及功能，画出梯形图。

完成决策

各组派代表阐述设计方案并对其他的设计方案提出自己不同的看法；教师结合大家完成的情况进行点评，选出最佳方案，完成表 5-1-10 中的内容。

表 5-1-10　触摸屏下的 FX3U 与变频器 PLC 控制任务决策表

典型工作任务					
计划对比					
序号	计划的可行性	计划的经济性	计划的安全性	计划的实施难度	综合评价
1					
2					
3					
决策分析与评价	班级		组长签字		第___组
	教师签字		日期		

注：此表仅为模板，可扫描教学表单二维码下载教学表单，根据具体情况进行修改、打印。

工作实施

综合决策方案，按照工作任务及工作计划写出工作思路和工作步骤并填入表 5-1-11 中。

表 5-1-11　触摸屏下的 FX3U 与变频器 PLC 控制任务实施表

典型工作任务		
任务实施		
序号	输入输出硬件调试与程序调试步骤	注意事项

续表

实施说明					
实施评价	班级		组长签字		第___组
	教师签字		日期		

注：此表仅为模板，可扫描教学表单二维码下载教学表单，根据具体情况进行修改、打印。

 评价反馈

工作实施完成后，各组代表展示本任务的作品，介绍本任务的完成过程。学生通过扫描线上评价表单二维码完成学生自评表和学生互评表，教师和企业人员扫描线上评价表单二维码分别完成教师评价表、企业专家评价表。

线上评价表单

教学表单

学习情境二　触摸屏的数量监视 PLC 控制

 学习情境描述

某企业生产线为了了解生产情况，调整生产，安装上了触摸屏，如图 5-2-1 所示，以便通过触摸屏对不同工件生产的数量进行监视，了解该工件当前生产的情况，随时调整生产。现需要对触摸屏及功能、PLC 程序控制进行设计。

图 5-2-1　触摸屏监控系统

⚙ 学习目标

通过分析利用触摸屏进行数量监控的情境任务，用不同的方式方法获取信息，然后制订学习计划、完成决策、实施计划，最后进行多方评价，完成如表 5-2-1 所示的学习目标。

表 5-2-1　触摸屏的数量监视 PLC 控制学习目标

知识目标	技能目标	素养目标
1. 熟悉 MCGS 组态软件的基本界面的组成和基本操作方法，认识指示灯、数值输入输出元件的功能及其参数设置方法。 2. 熟悉 PLC 与触摸屏的参数含义及设置方法	1. 学会 PLC 与触摸屏通讯的设置，完成触摸屏程序下载及 PLC 参数设置。 2. 学会 MCGS 组态软件的基本操作，完成指示灯、数值输入输出元件的绘制。 3. 学会 MCGS 组态软件的基本操作，完成指示灯、数值输入输出元件的参数设置	1. 树立安全意识，养成安全文明的生产习惯。 2. 培养团结协作的职业素养，树立勤俭节约、物尽其用的意识。 3. 培养分析及解决问题的能力，鼓励读者结合实际生产需要，对客观问题进行分析，并提出解决方案

📋 工作任务分析

用触摸屏监控工件数量是以 PLC 控制为中心，触摸屏控制为辅的控制方式。接通电源，红色警示灯闪亮，按下触摸屏的"启动"按钮后，红色警示灯熄灭，绿色警示灯闪亮，传送带以 25 Hz 的频率由三相电动机向检测元件方向运行，此时由传送带机架上的检测传感器(电感传感器、光纤传感器)的检测信号来对金属工件和白色工件进行计数。触摸屏通过监控 PLC 控制程序的数据寄存器 D 的变化，实现对数据的显示。触摸屏监控工件数量的 PLC 控制电气原理图如图 5-2-2 所示，触摸屏组态画面如图 5-2-3 所示。

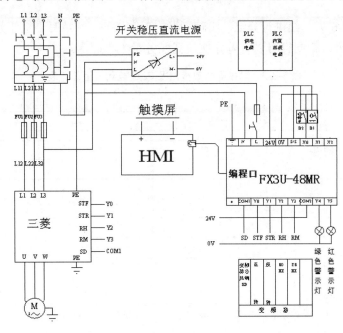

图 5-2-2　触摸屏监控工件数量的 PLC 控制电气原理图

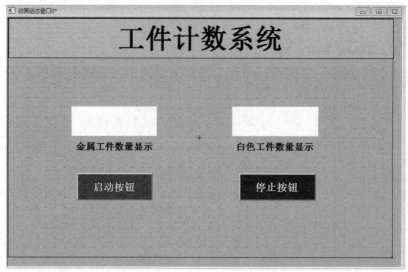

图 5-2-3　触摸屏组态画面

触摸屏的数量监视 PLC 控制设计及调试过程的微课如下。

 线上学习资源

任务分组

将学生按 4～6 人一组进行分组，明确每组的工作任务，并填写分组任务表，如表 5-2-2 所示。每组任务可以相同也可以有差异性，视任务量大小而定。

表 5-2-2　触摸屏的数量监视 PLC 控制分组任务表

班级		组号		指导老师	
组长		学号			
组员	姓名	学号	姓名	学号	
任务分工：					

注：此表仅为模板，可扫描教学表单二维码下载教学表单，根据具体情况进行修改、打印。

获取信息

认真阅读任务要求，根据本学习任务所需要掌握的内容，收集相关资料。

❓ 引导问题 1：触摸屏与 PLC 之间的数据监视在 PLC 梯形图中用什么软元件？

写出三菱 FX 系列 PLC 中数据寄存器 D 的种类及其特点。

_____

_____

_____

学习 PLC 数据寄存器及传送指令 MOV 的微课如下。

📱 线上学习资源

📖 线下学习资料

三菱 FX 系列 PLC 数据寄存器 D

PLC 在进行输入输出处理、模拟量控制、位置控制时，需要许多数据寄存器存储数据和参数。数据寄存器为 16 位，最高位为符号位。可用两个数据寄存器来存储 32 位数据，最高位仍为符号位。数据寄存器有以下几种类型。

1. 通用数据寄存器(D0～D199)

通用数据寄存器共 200 点。当 M8033 为 ON 时，D0～D199 有断电保护功能；当 M8033 为 OFF 时则它们无断电保护功能，这种情况下 PLC 由 RUN 变为 STOP 或停电时，数据全部清零。

2. 断电保持数据寄存器(D200～D7999)

断电保持数据寄存器共 7800 点，其中 D200～D511(共 312 点)有断电保持功能，可以利用外部设备的参数设定改变通用数据寄存器与有断电保持功能数据寄存器的分配；D490～D509 供通信用；D512～D7999 的断电保持功能不能用软件改变，但可用指令清除它们的内容。根据参数设定可以将 D1000 以上作为文件寄存器。

3. 特殊数据寄存器(D8000～D8255)

特殊数据寄存器共 256 点。特殊数据寄存器的作用是用来监控 PLC 的运行状态，如扫描时间、电池电压等。未定义的特殊数据寄存器用户不能使用，具体可参见用户手册。

❓ 引导问题 2：在三菱 FX 系列 PLC 中用什么指令传输数据？

写出三菱 FX 系列 PLC 中的数据传送指令及其类型。

_____

_____

阅 **线下学习资料**

在三菱 PLC 中 MOV 指令将源操作数的数据传送到目标元件中。

MOV 传送指令，可以传送 16 位数据，如果加 D 则变成 32 位，占用两个数据寄存器。MOV K3 K1Y0 的意思是将常数 3 传送到 Y0 起的四个位存储，即 Y0、Y1、Y2、Y3，那么 3 存于其中时，Y3=OFF、Y2= OFF、Y1= ON、Y0=ON，即 0011 也就是等于 3；如果是 5，那么就是 Y3=OFF、Y2=ON、Y1=OFF、Y0=ON，即 0101 也就是等于 5。使用 MOV 指令时应注意以下内容。

(1) 源操作数可取所有数据类型，目标操作数可以是 KnY、KnM、KnS、T、C、D、V、Z。

(2) 16 位运算时占 5 个程序步，32 位运算时则占 9 个程序步。

(3) 移位传送指令 SMOV/SMOV(P)的编号为 FNC13。该指令的功能是将源数据(二进制)自动转换成 4 位 BCD 码，再进行移位传送，传送后的目标操作数元件的 BCD 码自动转换成二进制数。

传送指令 MOV(D)/MOV(P)的编号为 FNC12，该指令的功能是将源数据传送到指定的目标。当 X0 为 ON 时，则将[S.]中的数据 K100 传送到目标操作元件[D.]即 D10 中。在指令执行时，常数 K100 会自动转换成二进制数。当 X0 为 OFF 时，则指令不执行，数据保持不变。

引导问题 3：触摸屏如何建立数据监视画面？触摸屏中有哪些元件需要与三菱 FX 系列 PLC 建立数据连接？如何建立连接？

(1) 写出触摸屏中与 PLC 连接的元件。

(2) 写出 PLC 与触摸屏建立连接的方法。

阅 **线下学习资料**

触摸屏数据监视画面的创建步骤：

(1) 创建一个新工程。

(2) 建立 PLC 与 HMI 之间的连接。

(3) 进行 PLC 与 HMI 串口参数的设置。

(4) 创建组态画面。

学习触摸屏数据监视画面操作的微课如下。

线上学习资源

工作计划

按照前面收集到的相关资料，各小组制订出工作计划，并把相关工作计划内容填入表 5-2-3 中。

表 5-2-3　触摸屏的数量监视 PLC 控制工作计划表

典型工作任务				
工作小组		组长签名		
典型工作过程描述				
任务分工				
序号	工作步骤	注意事项	负责人	备注
触摸屏监视工件数据的工作原理分析				
仪表、工具、耗材和器材清单				
序号	名称	型号与规格	单位	数量
计划评价				
组长签字		教师签字		
计划评价				

注：此表仅为模板，可扫描教学表单二维码下载教学表单，根据具体情况进行修改、打印。

❓引导问题 1：结合中级维修电工控制要求和现场情况，画出触摸屏的控制与数量的监视线路接线图。

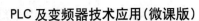 引导问题 **2**：结合中级维修电工控制要求、引导问题 **1** 的接线图和任务书技术要求及功能，画出梯形图。

完成决策

各组派代表阐述设计方案并对其他的设计方案提出自己不同的看法；教师结合大家完成的情况进行点评，选出最佳方案，完成表 5-2-4 中的内容。

表 5-2-4　触摸屏的数量监视 PLC 控制任务任务决策表

典型工作任务					
计划对比					
序号	计划的可行性	计划的经济性	计划的安全性	计划的实施难度	综合评价
1					
2					
3					
决策分析与评价	班级		组长签字		第＿＿组
	教师签字		日期		

注：此表仅为模板，可扫描教学表单二维码下载教学表单，根据具体情况进行修改、打印。

工作实施

综合决策方案，按照工作任务及工作计划写出工作思路和工作步骤并填入表 5-2-5 中。

表 5-2-5　触摸屏的数量监视 PLC 控制任务实施表

典型工作任务		
任务实施		
序号	输入输出硬件调试与程序调试步骤	注意事项
实施说明		
实施评价	班级		组长签字		第＿＿组
	教师签字		日期		

注：此表仅为模板，可扫描教学表单二维码下载教学表单，根据具体情况进行修改、打印。

评价反馈

　　工作实施完成后，各组代表展示本任务的作品，介绍本任务的完成过程。学生通过扫描线上评价表单二维码完成学生自评表和学生互评表，教师和企业人员扫描线上评价表单二维码分别完成教师评价表、企业专家评价表。

 线上评价表单

教学表单

学习情境三　触摸屏监视下自动生产线设备 PLC 控制

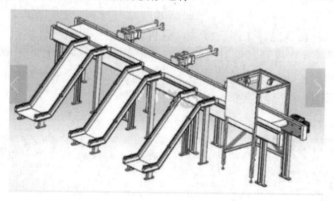 **学习情境描述**

　　自动化生产线是指按照工艺要求，把整条生产线上的机器连接起来，形成送料、搬运、装卸和产品加工、检测等全部工序都能自动控制的高效率生产线，如图 5-3-1 所示。自动化生产线在企业生产过程中应用广泛，能有效地提高企业生产效率。

　　有某工厂已经安装完成一条自动化生产线，要求能够完成物料的自动送料、搬运及分拣的功能，现需要完成 PLC 程序控制的模拟运行。

图 5-3-1　自动化生产线

⚙ **学习目标**

　　通过分析利用触摸屏实现自动生产线监控的情境任务，用不同的方式、方法获取信息，然后制订学习计划、完成决策、实施计划，最后进行多方评价，完成如表 5-3-1 所示的学习目标。

表 5-3-1　触摸屏监视下自动生产线设备 PLC 控制学习目标

知识目标	技能目标	素养目标
1. 了解亚龙 YL-235A 系统各部分的名称及工作原理。 2. 能正确理解亚龙 YL-235A 系统供料、搬运、分拣各部分的动作流程及传感器的工作原理和功能。 3. 能正确理解亚龙 YL-235A 系统供料、搬运、分拣各部分的 PLC 输入输出信号及程序控制流程	1. 能说出亚龙 YL-235A 系统供料、搬运、分拣各部分传感器的作用。 2. 能根据亚龙 YL-235A 系统供料、搬运、分拣的输入、输出信号绘制 PLC 硬件接线图。 3. 能根据 PLC 硬件接线图,完成 PLC 控制的硬件连接。 4. 能根据亚龙 YL-235A 系统供料、搬运、分拣的各部分动作流程,编写 PLC 控制程序。 5. 能把 PLC 控制程序下载到 PLC 内,完成系统功能的调试	1. 树立安全意识,养成安全文明的生产习惯。 2. 培养团结协作的职业素养,树立勤俭节约、物尽其用的意识。 3. 培养分析及解决问题的能力,鼓励读者结合实际生产需要,对客观问题进行分析,并提出解决方案

🔖 工作任务分析

利用亚龙 YL-235A 型光机电一体化实训装置模拟自动生产线的供料、搬运和分拣的自动化控制及触摸屏监控,示意图如图 5-3-2 所示。该控制的电气原理图如图 5-3-3 所示。

机械手的初始位置:摆动气缸在左限位、提升气缸在上限位、伸缩气缸缩回、气爪松开。

接通电源,红色警示灯亮,此时系统处于等待工作状态。按下触摸屏画面上的"启动"按钮,绿色警示灯亮,系统处于工作状态。供料盘开始供料,料盘直流减速电动机开始转动,带动拨杆往料台送料,同时触摸屏上的料盘监视指示图标由暗红色变为绿色。当料台光电传感器检测到有料时,机械手开始如下动作:机械手悬臂伸出,伸出到位,提升气缸下降,下降到位,延时 1 s,手爪气缸夹紧,延时 1 s,提升气缸上升,上升到位,悬臂缩回,缩回到位,悬臂左转,左转到位,悬臂伸出,伸出到位,提升气缸下降,下降到位,延时 1 s,手爪气缸松开,提升气缸上升,上升到位,悬臂缩回,缩回到位,悬臂右转,右转到位,回到初始位置,等待抓取下一个物料。机械手开始动作的同时,触摸屏上的机械手监视指示图标由暗红色变为绿色。

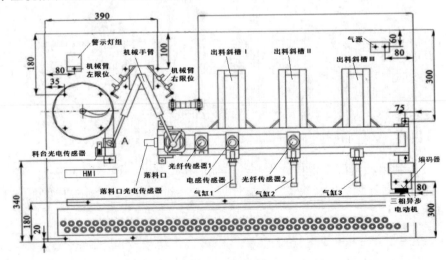

图 5-3-2　YL-235A 实训装置模拟自动化生产线示意图

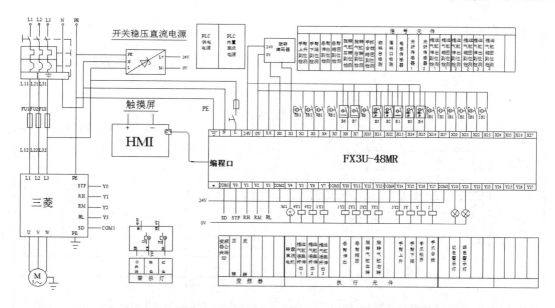

图 5-3-3　触摸屏监视下自动生产线设备 PLC 控制电气原理图

当机械手手爪松开后，物料从落料口进入皮带，落料口传感器检测到信号，传送带开始以 25 Hz 速度运行，带动物料从落料口向电动机方向传送，触摸屏上的传送带监视指示图标由暗红色变为绿色。如果是金属物料，物料到达位置Ⅰ时，电感传感器检测到信号，同时触摸屏上的气缸Ⅰ监视指示图标由暗红色变为绿色，电动机停止运行，气缸Ⅰ伸出，把物料推入料槽Ⅰ，此时触摸屏上的料槽Ⅰ数量监视显示为 1。如果是白色物料，物料到达位置Ⅱ时，光纤传感器检测到信号，同时触摸屏上的气缸Ⅱ监视指示图标由暗红色变为绿色，电动机停止运行，气缸Ⅱ伸出，把物料推入料槽Ⅱ，此时触摸屏上的料槽Ⅱ数量监视显示为 1。如果是黑色物料表示废料，物料到达位置Ⅲ时，同时触摸屏上的气缸Ⅲ监视指示图标由暗红色变为绿色，电动机停止运行，气缸Ⅲ伸出，把物料推入料槽Ⅲ。

任何一个物料被推送入料槽 5 s 后，所有部件图标由绿色变为暗红色。任何一个物料被推送入料槽后，触摸屏上的传送带监视指示图标由绿色变为红色并以 1 Hz 频率闪烁，传送带以 40 Hz 高速运行，10 s 后停止，物料台检测到有物料，机械手去抓下一个物料。如果物料台没有检测到物料，5 s 后，绿色警示灯熄灭，红色警示灯闪亮，自动生产线停止工作。

如果自动生产线在工作过程中，按下触摸屏上的"停止"按钮，自动生产线要求完成当前工作后，绿色警示灯熄灭，红色警示灯闪亮，自动生产线停止工作。

触摸监视下自动生产线设备 PLC 控制设计及调试过程的微课如下。

　线上学习资源

任务分组

将学生按 4～6 人一组进行分组,明确每组的工作任务,并填写分组任务表,如表 5-3-2 所示。每组任务可以相同也可以有差异性,视任务量大小而定。

表 5-3-2 触摸屏监视下自动生产线设备 PLC 控制分组任务表

班级		组号		指导老师	
组长		学号			
组员	姓名	学号		姓名	学号
任务分工:					

注:此表仅为模板,可扫描教学表单二维码下载教学表单,根据具体情况进行修改、打印。

获取信息

认真阅读任务要求,根据本学习任务所需要掌握的内容,收集相关资料。

? **引导问题 1:自动化生产线是如何送料的?**

(1) 送料机构由哪几部分组成?

_____

_____

_____

(2) 写出送料机构的工作原理。

_____

_____

_____

学习亚龙 YL-235A 实训装置送料机构的微课如下。

 线上学习资源

? **引导问题 2：送料平台上安装了什么传感器？**

(1)　写出传感器的型号。

_____

_____

(2)　画出传感器符号。

_____

_____

(3)　画出传感器的接线图。

_____

? **引导问题 3：描述供料过程并思考供料的 PLC 程序。**

(1)　写出本任务的供料过程。

_____

_____

_____

(2)　写出供料部分的输入输出元件地址分配表。

_____

_____

? **引导问题 4：本任务如何进行物料搬运？搬运的 PLC 梯形图如何编写？**

(1)　写出本任务的物料搬运过程。

_____

_____

(2)　写出搬运部分的输入输出元件地址分配表。

_____

_____

? **引导问题 5：本任务如何进行物料分拣？**

(1)　写出本任务的物料分拣过程。

_____

_____

(2) 写出分拣部分的输入输出元件地址分配表。

_____

_____

_____

⏱ 工作计划

按照前面收集到的相关资料,各小组制订出工作计划,并把相关工作计划内容填入表 5-3-3 中。

表 5-3-3　触摸屏监视下自动生产线设备 PLC 控制工作计划表

典型工作任务				
工作小组		组长签名		
典型工作过程描述				
任务分工				
序号	工作步骤	注意事项	负责人	备注
触摸屏监视下自动生产线设备 PLC 控制工作原理分析				
仪表、工具、耗材和器材清单				
序号	名称	型号与规格	单位	数量
计划评价				
组长签字		教师签字		
计划评价				

注:此表仅为模板,可扫描教学表单二维码下载教学表单,根据具体情况进行修改、打印。

❓ 引导问题 1:结合中级维修电工控制要求,画出触摸屏监视下自动生产线设备的 **PLC 控制线路接线图**。

❓ 引导问题 **2**：结合中级维修电工控制要求、引导问题 **1** 的接线图和任务书技术要求及功能，画出梯形图。

🔲 完成决策

各组派代表阐述设计方案并对其他的设计方案提出自己不同的看法；教师结合大家完成的情况进行点评，选出最佳方案，完成表 5-3-4 中的内容。

表 5-3-4　触摸屏监视下自动生产线设备 PLC 控制任务决策表

典型工作任务					
计划对比					
序号	计划的可行性	计划的经济性	计划的安全性	计划的实施难度	综合评价
1					
2					
3					
决策分析 与评价	班级		组长签字		第＿＿组
	教师签字		日期		

注：此表仅为模板，可扫描教学表单二维码下载教学表单，根据具体情况进行修改、打印。

🔄 工作实施

综合决策方案，按照工作任务及工作计划写出工作思路和工作步骤并填入表 5-3-5 中。

表 5-3-5　触摸屏监视下自动生产线设备 PLC 控制任务实施表

典型工作任务		
任务实施		
序号	输入输出硬件调试与程序调试步骤	注意事项
实施说明		
实施评价	班级	组长签字	第＿＿组
	教师签字	日期	

注：此表仅为模板，可扫描教学表单二维码下载教学表单，根据具体情况进行修改、打印。

👍 评价反馈

工作实施完成后，各组代表展示本任务的作品，介绍本任务的完成过程。学生通过扫描线上评价表单二维码完成学生自评表和学生互评表，教师和企业人员扫描线上评价表单二维码分别完成教师评价表、企业专家评价表。

 线上评价表单

 教学表单

考证热点

一、单选题

1. 触摸屏一般通过(　　)与个人电脑、PLC 以及其他外部设备连接通信。
    A. 串行接口　　　B. 并行接口　　　C. VGA 口　　　D. 网口

2. 触摸屏全称叫作触摸式图形显示终端，是一种人机交互装置，故又称(　　)。
    A. 机器界面　　　B. 编程硬件　　　C. 人机界面　　　D. 超级终端

3. 触摸屏的安装角度介于(　　)度之间。
    A. 0～90　　　B. 0～30　　　C. 0～60　　　D. 0～45

4. 昆仑通态 TPC7062K 系列触摸屏的供电电压是(　　)。
    A. AC220V　　　B. AC380V　　　C. DC12V　　　D. DC24V

5. MCGS 嵌入版组态软件是为(　　)开发的一套专用的组态软件。
    A. 昆仑通态触摸屏　　　　　　B. 步科触摸屏
    C. 三菱触摸屏　　　　　　　　D. 西门子触摸屏

6. 下列关于 MCGS 软件说法错误的选项是(　　)。
    A. MCGS 嵌入版组态软件包括组态环境和运行环境两部分
    B. MCGS 嵌入版组态软件能够完成现场数据采集
    C. MCGS 嵌入版组态软件能代替 PLC 编程软件进行编程
    D. MCGS 嵌入版组态软件为用户提供了实时和历史数据处理等功能

7. MCGS 嵌入版组态软件是(　　)位系统。
    A. 16 位　　　B. 32 位　　　C. 64 位　　　D. 128 位

8. 下列关于 MCGS 嵌入版软件的主要功能，说法错误的选项是(　　)。
    A. MCGS 嵌入版组态软件以图像、图符、报表、曲线等多种形式，为操作员及时提供系统运行中的状态、品质及异常报警等相关信息
    B. MCGS 嵌入版组态软件提供了良好的安全机制，可以为多个不同级别用户设定不同的操作权限
    C. MCGS 嵌入版的组态软件提供多种不同的报警方式，具有丰富的报警类型
    D. MCGS 嵌入版组态软件用普通文件对数据进行存储

9. MCGS 组态软件是哪个公司的产品（　　）。

　　A. 欧姆龙公司　　　　　　　　　　B. 北京昆仑通态科技有限公司

　　C. 西门子公司　　　　　　　　　　D. 三菱公司

10. 在 MCGS 软件中能进行报警信息查询的构件有（　　）。

　　A. 报警工具条　　　　　　　　　　B. 报警信息浏览策略

　　C. 报警灯　　　　　　　　　　　　D. 输入器

11. 传感器信号是（　　）。

　　A. 数值型　　　　B. 开关型　　　　C. 字符型　　　　D. 组对象

12. 下列不属于 PLC 编程语言的选项是（　　）。

　　A. 梯形图　　　　B. 文本编辑器　　　C. 指令表　　　　D. 顺序功能图

13. 下列关于外部输入/输出继电器、内部继电器、定时器、计数器等软元件，说法正确的选项是（　　）。

　　A. 这些软元件的常开触点在程序中不可以重复使用，只能使用一次

　　B. 这些软元件的常闭触点在程序中不可以重复使用，只能使用一次

　　C. 这些软元件的线圈在程序中不可以重复使用，只能使用一次

　　D. 这些软元件的触点在程序中可以重复使用

14. 下列关于线圈与梯形图母线的说法错误的是（　　）。

　　A. 梯形图每一行都是从左母线开始，线圈接在最右边

　　B. 梯形图有两条母线，一条称为左母线，一条称为右母线

　　C. 线圈可以直接与左母线相连

　　D. 在继电器控制原理图中，继电器的触点可以放在线圈的右边，但在梯形图中触点不允许放在线圈的右边

15. GX Works2 编程软件选择编写的程序类型是在（　　）面板中。

　　A. 创建新工程　　B. 梯形图编辑　　　C. SFC 编辑　　　D. 指令表编辑

16. GX Works2 编程软件中，当程序编写完成并经过转换、检查、保存后，要通过（　　）执行程序写入。

　　A. 菜单栏上的"变换"→"PLC 写入"命令

　　B. 菜单栏上的"工具"→"PLC 写入"命令

　　C. 菜单栏上的"编辑"→"PLC 写入"命令

　　D. 菜单栏上的"在线"→"PLC 写入"命令

17. 下列关于 PLC 的输出端子与输出指示灯的说法正确的是（　　）。

　　A. COM 端子为 PLC 输出公共端子，在 PLC 连接交流接触器线圈、电磁阀线圈、指示灯等负载时必须连接的一个端子

　　B. 在负载使用不同电压类型和等级时，可以将 COM1、COM2、COM3、COM4 用导线短接起来

　　C. 当 Y0 输出继电器线圈失电时，PLC 上的 Y0 信号指示灯亮

　　D. FX3U-48MR PLC 的输出侧共有 4 个 COM 端子

18. 下列关于状态寄存器(S)说法错误的是（　　）。

　　A. 状态寄存器用来记录系统运行中的状态，是编制顺序控制程序的重要编程元件，它与步进顺控指令 STL 配合应用

B. 初始状态寄存器 S0~S9 共 10 点

C. 回零状态寄存器 S10~S19 共 10 点

D. 通用状态寄存器 S20~S500 共 480 点

19. MCGS 嵌入版软件中,通过(   )可以调节工程窗口的背景颜色。

    A. 窗口颜色设置对话框　　　　　　　B. 新建工程设置对话框

    C. 工具箱中的颜色设置工具　　　　　D. 以上都错

20. 用标准按钮连接 PLC 程序中的变量时,需要设置(   )。

    A. 基本属性　　　　B. 操作属性　　　　C. 启动脚本　　　　D. 可见度属性

21. 在机械手控制系统设计案例中,机械手有(   )工作方式。

    A. 2 种　　　　　　B. 3 种　　　　　　C. 4 种　　　　　　D. 5 种

22. 电磁阀属于(   )。

    A. 传感器　　　　　B. 输入装置　　　　C. 执行器　　　　　D. 以上都不是

23. 下列关于单电控电磁阀,说法错误的选项是(   )。

    A. 单电控电磁阀用来控制气缸单个方向运动

    B. 单电控电磁阀可以控制气缸的伸出、缩回运动

    C. 单电控电磁阀得电时气缸伸出,失电时气缸缩回

    D. 正常情况下,DC24V 单电控电磁阀有 3 根引出线

24. 电控阀内装的红色指示灯有正负极性,如果极性接反了也能正常工作,但(   )。

    A. 会弄坏指示灯　　　　　　　　　　B. 方向改变

    C. 指示灯不会亮　　　　　　　　　　D. 以上都对

25. 双电控电磁阀用左右两侧的驱动线圈分别控制气缸伸出与缩回,两侧线圈不能同时(   )。

    A. 动作　　　　　　B. 接反　　　　　　C. 失电　　　　　　D. 得电

26. 下列关于连续执行型指令和脉冲执行型指令说法错误的是(   )。

    A. 连续执行型指令在每个扫描周期都重复执行一次

    B. 脉冲执行型指令只在信号 OFF→ON 时执行一次

    C. 脉冲执行型指令在指令后面加符号"P"来表示

    D. 脉冲执行型指令只在信号 ON→OFF 时执行一次

27. 下列关于 PLC 程序下载,说法错误的是(   )。

    A. FX 软件中,程序用指令表编辑可直接传送到 PLC 中

    B. FX 软件中,梯形图编辑的程序要求转换成指令表才能传送

    C. FX 软件中,梯形图编辑的程序可直接传送到 PLC 中

    D. FX 软件向 PLC 写入程序时,必须先遥控中止 PLC,使 PLC 处于停止状态

28. 传感器、电磁阀、直流电机及双色警示灯的连接是通过 YL-235A 型光机电一体化实训装置上的(   )进行转接的。

    A. 接线盒　　　　　B. 接线端子排　　　C. 护套线　　　　　D. PLC 控制模块

29. YL-235A 型光机电一体化实训设备的电源模块包括三相电源总开关以及(   )等。

    A. 熔断器　　　　　B. 指示灯　　　　　C. 按钮　　　　　　D. 蜂鸣器

30. 启动前，YL-235A 设备的供料装置的运动部件必须在规定的位置，这些位置称作(　　)。
    A. 装配位置　　　　B. 启动位置　　　　C. 初始位置　　　　D. 以上都不对

31. 下列关于 32 位加/减计数器说法错误的选项是(　　)。
    A. 32 位加/减计数器可分为通用型和断电保持型
    B. 32 位加/减计数器与 16 位加法计数器除位数不同外，还在于它能通过控制实现加/减双向计数
    C. 32 位加/减计数器设定值范围均为-214 783 648～+214 783 647(32 位)
    D. 32 位加/减计数器用常数 K 设定计数器的设定值

32. 三菱 FX 编程软件的 SFC 编辑界面中，状态输入位的主要作用是(　　)。
    A. 输入状态框阶梯块符号
    B. 输入跳转和重置符号
    C. 调用菜单命令各状态或阶梯块对应的内置梯形图
    D. 以上都是

33. 在 YL-235A 搬运机构的运行控制案例中，机械手气爪夹紧与松开的状态检测是通过(　　)来实现的。
    A. 光电开关　　　　B. 光纤传感器　　　　C. 磁性开关　　　　D. 电感传感器

34. YL-235A 型光机电一体化实训装置物料传送及分拣机构上的物料识别与分拣系统，主要由物料检测传感器、(　　)及三个料仓组成。
    A. 气缸　　　　B. 推料气缸　　　　C. 送料气缸　　　　D. 以上都是

35. 下列关于传送指令说法错误的选项是(　　)。
    A. 传送指令 MOV 是将源操作数内的数据传送到指定的目标操作数内
    B. 传送指令可以传送 16 位数据
    C. 传送指令可以传送 32 位数据
    D. 传送指令占 2 步程序步

36. 加法指令的助记符是(　　)。
    A. ADD　　　　B. SUB　　　　C. MUL　　　　D. DIV

37. 变频器的运行操作键"RUN"中文的意思是(　　)。
    A. 正转　　　　B. 反转　　　　C. 停止　　　　D. 运行

38. 触摸屏的尺寸是 5.7 寸，指的是(　　)。
    A. 长度　　　　B. 宽度　　　　C. 对角线　　　　D. 厚度

39. 触摸屏通过(　　)方式与 PLC 交流信息。
    A. 通信　　　　B. I/O 信号控制　　　　C. 继电器连接　　　　D. 电气连接

40. 触摸屏实现数值输入时，要对应 PLC 内部的(　　)。
    A. 输入点 X　　　　B. 输出点 Y　　　　C. 数据存储器　　　　D. 定时器

41. 触摸屏实现换画面时，必须指定(　　)。
    A. 当前画面编号　　B. 目标画面编号　　C. 无所谓　　　　D. 视情况而定

42. 触摸屏不能替代传统操作面板的(　　)功能。

A. 手动输入的常开按钮   B. 数值指拨开关

C. 急停开关   D. LED 信号灯

43. 触摸屏是用于实现替代(　　)设备的功能。

A. 传统继电控制系统   B. PLC 控制系统

C. 工控机系统   D. 传统开关按钮型操作面板

44. LTA-205 型红绿双色闪亮警示灯共有 5 条引出线，其中(　　)。

A. 黑色线与棕色线为电源线，分别与电源的负极和正极连接

B. 黑色线与绿色线为电源线，分别与电源的负极和正极连接

C. 红色线与黑色线为电源线，分别与电源的负极和正极连接

D. 绿色线与红色线为电源线，分别与电源的负极和正极连接

45. 为保证电力系统的安全运行，常将系统的(　　)接地，这叫作工作接地。

A. 中性点   B. 零点   C. 设备外壳   D. 防雷设备

二、判断题

1. MCGS 是监视与控制通用系统(monitor and control generated system)的英文缩写。
(　　)

2. 在 MCGS 中，固定有一个名为"管理员组"的用户组和一个名为"负责人"的用户，它们的名称不能修改。(　　)

3. PLC 实训过程中，涉及强电部分的操作应独立操作完成。(　　)

4. 交流接触器的结构由电磁机构、触头系统、灭弧装置和其他部件组成。(　　)

5. 输入继电器线圈的得电或失电取决于 PLC 外部触点的状态，外部触点闭合则线圈失电，外部触点断开则线圈得电。(　　)

6. 开关量输入接口可分为直流输入电路、交流输入电路及交直流输入电路等类型。
(　　)

7. 将转换开关置于 STOP 位置上，则 PLC 的停止指示灯(STOP)发光，表示 PLC 正处于停止状态。(　　)

8. 脉冲执行型指令在指令后面加符号"P"来表示。(　　)

9. SB1、SB2、FR 是输入元件。(　　)

10. 按钮帽上的颜色用于引起警惕。(　　)

11. PLC 使用的十进制常数用 K 表示。(　　)

12. 低压电工作业是指对 1000 V 以下的电气设备进行安装、调试、运行操作等作业。
(　　)

13. 在安全色标中用红色表示禁止、停止或消防。(　　)

14. 触电事故是由电能以电流形式作用于人体造成的事故。(　　)

15. 《安全生产法》立法的目的是为了加强安全生产工作，防止和减少生产安全事故，保障人民群众生命和财产安全，促进经济发展。(　　)

16. 特种作业人员在操作证有效期内，连续从事本工种 10 年以上，无违法行为，经考核发证机关同意，操作证复审时间可延长至 6 年。(　　)

17. 接地电阻越小，人体触及带电设备时，通过人体的触电电流就越小，保护作用越好。　　　　　　　　　　　　　　　　　　　　　　　　　　　　　（　　）

18. 导线穿墙时应装过墙管。　　　　　　　　　　　　　　　　　　　（　　）

19. 国家规定要求：从事电气作业的电工，必须接受国家规定的机构培训、经考核合格者方可持证上岗。　　　　　　　　　　　　　　　　　　　　　　　　　　　（　　）

20. 在安全色标中用绿色表示安全、通过、允许、工作。　　　　　　　（　　）

参 考 文 献

[1] 方大千. 变频器、软启动器及 PLC 实用技术手册：简装版[M]. 北京：化学工业出版社，2016.

[2] 武可庚. PLC 及变频器技术[M]. 北京：北京交通大学出版社，2019.

[3] 马宏骞. PLC、变频器与触摸屏技术及实践[M]. 2 版. 北京：电子工业出版社，2020.

[4] 黄华. 变频技术及应用[M]. 北京：北京大学出版社，2013.

[5] 宋爽，张金红. 变频技术及应用[M]. 3 版. 北京：高等教育出版社，2021.

[6] 李长军，李长城，王勇. 学变频很容易：图说变频技术(全彩精编版)[M]. 北京：中国电力出版社，2015.

[7] 瞿彩萍. PLC 应用技术(三菱)[M]. 北京：中国劳动社会保障出版社，2006.

[8] 崔陵. 工程电气控制设备[M]. 2 版. 北京：高等教育出版社，2020.

[9] 吕桃，金宝宁. 三菱 FX3U 可编程控制器应用技术[M]. 北京：电子工业出版社，2015.

[10] 蔡跃. 职业教育活页式教材开发指导手册[M]. 上海：华东师范大学出版社，2020.